100種推動世界的新技術

掌握未來十年的關鍵產業，
就能早一步勝出！

日經BP社——編
楊毓瑩——譯

Nikkei Business Publications, Inc.

序 「與機器共存」是拯救世界的解藥

不知道是從什麼時候起，我們開始相信，科技的進步可以推動文明前進，讓人類的生活更富足。科技在二十世紀全面大躍進，使人們的生活變得更精彩，但另一方面，卻也造成許多負面影響，包括製造了大量的屠殺武器、導致全球各地發生悲慘的戰爭，並且在經歷兩次世界大戰後，人們的意識形態與社會體制的對立，依舊撕裂著世界。

在東西方的冷戰結束後，人們期待以自由競爭為原則的資本主義經濟，可以形成穩定世界秩序的新力量，但這樣的期待卻只維持了短暫的時間。現在的世界上，恐怖主義和區域紛爭越演越烈，這使得全球可能再度爆發世界大戰，危機感甚至高過二十一世紀初時。

所以，科技的進步真的可以為人類帶來幸福嗎？至少我們應該省思，對人類而言，科技的持續發展真的是必要的嗎？假設邁入「人與機器競爭」的時代後，機器終將取代人力，搶走人類的飯碗，並擴大社會差距，那麼我們不是應該遏止科技進步嗎？美國和歐洲各地都有民眾群起反抗舊權威，其背後潛藏著對資本主義和科技進步的反感和對立。

其實，科技的進步原本是令人期待的好事，即使是還在研究應用範圍的基礎技術，也會讓人深深驚嘆「好佩服」。這樣的觀點現在仍然不變，至少在「日經BP社」專門蒐集和研究最新科技趨勢的我們，仍然是這麼想的。

許多新技術的登場，明顯使人們的生活變得更富足、拯救了無數受病痛所苦的人，並解決了各種原本令人束手無策的困擾。而人們也開始著手解決從技術衍生出來的許多問題。新興技術將如何改善我們的生活和產業發展？我們應該如何運用科技，提升生活品質？是否應該學習與機器共存而非競爭，以開創更美好的未來？

基於上述問題，「日經BP社」技術類專門雜誌的多位總編輯，偕同約兩百位專業記者，經過不斷的討論，而誕生了這本書。這是我們繼二〇一七年後推出的第二本科技趨勢書籍。

我們盡量透過具體的案例，簡要說明各種技術進步所帶來的實際價值和社會意義。本書的內容納入了全球各領域的卓越技術，超越國界限制，希望新興技術能為以「技術立國」的日本，注入新生的能量。

期待日本能研發更多新技術，「以技術運用立國」，活用新技術、實現富足社會，繼而對世界有所貢獻。期望本書能在這方面發揮影響力。

日經BP社　高階執行董事　科技媒體本部長

寺山正一

第3章 不知道就落伍的新科技……233

工作現場的再生……278

第1章

融合不同領域的科技，促進全面性的蛻變

未來各領域的科技將擴大結合，為人類、生活、產業及地球環境等，創造新一波的全面性革命。我可以用一句話來表達二〇一八年以後的科技趨勢，還有其對全球帶來的影響，那就是各領域的新興科技結合後，將會相互改變各自的發展。透過不同科技的互相融合，也可能用傳統產品或舊式構造玩出新風貌。

我是在日經ＢＰ社的技術展望活動「TECHNOLOGY IMPACT」中得到上述的結論。「TECHNOLOGY IMPACT」這個活動是由近兩百名日經ＢＰ社的專業記者合作，深入採訪電子業、機電工程、建築、土木、醫療、生物、ＩＴ（資訊科技）等領域的科技，預測未來發展趨勢並報導相關資訊，在二〇一七年已經邁入第四屆。

這次是由科技類專業雜誌的總編輯與專業記者經過討論後，整理出二〇一八年以後的11項重要趨勢。在第二章中，將由各領域的總編輯為您介紹與這11項趨勢相關的69種新技術。第三章則是請到專業記者為您解說52項「不知道就會落伍的新科技」。全書總共包含一百二十種「推動世界的新技術」。

值得期待的保命科技

請看左頁的圖表。日經ＢＰ社針對八百名日本上班族做調查，詢問他們在二〇二二年將對哪一種科技抱有期待，並由日經ＢＰ社的智庫部門和日經ＢＰ綜合研究所彙整為此表。

2022 年科技期待度排行榜

排行	名稱	分數(滿分100)
1	再生醫療	86.8
2	AI(人工智慧)	84.1
3	電動車用全固體電池	83.8
4	物聯網 (IoT)	83.7
5	機器學習	83.4
6	公共建設監測	83.2
7	自動駕駛系統	82.4
8	免疫檢查點抑制劑	82.3
9	液態生物檢體	81.6
10	次世代手術支援機器人	81.3
11	低功耗廣域網路 LPWA(Low Power Wide Area Network)	80.7
12	網路遠距診療	80.5
13	透過社群網站 (SNS) 運用災害情資	80.3
14	智慧診療室	78.8
15	5G／網路切片 (Network Slicing)	78.5
16	纖維素奈米纖維	78.2
17	微針療法	77.8
18	3D 列印	77.7
18	人工光合作用	77.7
20	邊駕駛邊充電	77.6
21	數十億位元乙太網路 (multi-Gigabit Ethernet)	77.4
22	量子電腦	77.3
23	利用腸內細菌	76.8
24	VR(虛擬實境)	76.6
24	淨零耗能住宅 ZEH(Net Zero Energy House)	76.6
26	高齡者照護系統	76.4
27	AR(擴增實境)	75.5
28	植入型裝置	75.4
29	虛擬電廠 (VPP)	75.3
30	非結構構材與設備之耐震性	75.2

資料來源：日經 BP 綜合研究所進行的調查「經營革新與新技術活動調查」，調查期間為 2016 年 11 月 29 日至 2016 年 12 月 16 日，可在網站下載這份報告書《改變世界的 100 種技術排行榜》

這八百名受訪者分別是「日經商務在線」、「IT Pro」、「日經醫療在線」、「日經 Architecture Web」等網站的讀者，就職業來看，四成為「管理、企劃」人員、五成為「研究、開發／設計、技術」人員，其他則為建築、土木、醫療領域的專家。

此次是將本書的２０１７年版《將改變世界的１００大科技》(和致科技出版)列為調查對象，詢問受訪者是否有聽過這些科技、對自己知道的科技抱有多高的期待度，並以加權平均法計算分數，再依照分數高低排序名次。

在這份排行榜中，最值得注目的是，第一名和第八至十名都是與救命有關的科技。包括使用人體細胞與組織治療難治疾病的「再生醫療」、利用人體內原有的免疫反應機制去治療癌症的「免疫檢查點抑制劑」，以及用血液和體液進行精密診療的「液態生物檢體」，大眾對這些科技的認知度和期待度都相當高。

以上每一種科技都是運用人體原有的細胞和免疫構造，重新給予人健康的生命。「次世代手術支援機器人」正如字面所示，是協助醫師進行手術的機器，而非僅由機器為患者動刀。

值得注意的是，這些科技與非醫療領域科技的結合。例如，再生醫療與精密工學有關。實際上，也有原本在無塵室裡面對微小世界的半導體裝置製造商，也從此另闢新路，發展再生醫療。因為在進行遺傳分析來開發新藥時，必須使用到超級電腦。

在排行榜中，還有醫療以外的科技，也與人們息息相關。其中包括保護人身安全的科技。

例如針對高速公路和橋樑等公共建設的翻新，必須運用「公共建設監測」的科技，這是結合了土木與「物聯網ＩｏＴ」的技術。物聯網簡單來講，就是利用感測器進行遠距監視、遠端控制的系統。

如同本書第二章所述，「自動駕駛系統」是汽車與物聯網的結合，是種安全科技，目的是研發「不會發生車禍的車」。自動駕駛系統與電動車有密切關聯，相關的科技還有「全固體電池」等，也是眾所期待的技術。

另外，雖然「ＡＩ（人工智慧）」目前有點熱過頭，不過帶動ＡＩ熱潮的「機器學習」很值得矚目，這種技術是讓機器人模仿人類的學習能力，未來可以與所有領域的技術做結合。

不同科技跨界合作的時代來臨

調查結果也彰顯出本書的主題「融合」與「再生」。有些已經出現幾十年的舊科技，最近又與新興科技融合，並且相互影響。儘管有些技術引發不少問題，但是若從漫長的科技史角度來看，當代科技發展的確邁入了互相融合的時代。

像是ＩＴ和ＡＩ等數位科技，就具備了與其他技術融合的彈性。例如金融業結合了ＩＴ就變成金融科技（FinTech）、農業結合了ＩＴ而帶來農業科技（AgriTech）等，這類跨界整合的趨勢，統稱為「ｘＴｅｃｈ」（Cross-Tech）。

管理、企劃人員選出的 2022 年科技期待度排行榜

排行	名稱	分數(滿分100)
1	再生醫療	89.2
2	物聯網(IoT)	88.7
3	免疫檢查點抑制劑	86.3
4	電動車用全固體電池	84.2
5	液態生物檢體	84.1
6	AI(人工智慧)	83.2
7	機器學習	83.0
8	透過社群網站(SNS)運用災害情資	82.9
9	網路遠距診療	82.6
9	自動駕駛系統	82.6
11	公共建設監測	81.9
12	低功耗廣域網路 LPWA(Low Power Wide Area Network)	81.8
13	5G／網路切片(Network Slicing)	81.5
14	邊駕駛邊充電	81.1
15	纖維素奈米纖維	80.5
16	智慧診療室	80.4
17	智慧運動場	79.3
18	量子電腦	79.1
19	非結構構材與設備之耐震性	78.5
20	資安情報蒐集	78.1
21	木造住宅減震	77.8
22	VR(虛擬實境)	77.7
23	次世代手術支援機器人	77.6
24	3D 量測	77.4
25	無人機	77.2
25	3D 列印	77.2
25	淨零耗能住宅 ZEH(Net Zero Energy House)	77.2
28	多芯光纖	76.4
29	AR(擴增實境)	76.1
29	虛擬電廠(VPP)	76.1

資料來源：日經 BP 綜合研究所「經營革新與新技術活動調查」，調查期間為 2016 年 11 月 29 日至 2016 年 12 月 16 日，可在網站下載報告書《改變世界的 100 項技術排行榜》

研究、開發／設計、技術人員選出的 2022 年科技期待度排行榜

排行	名稱	分數（滿分100）
1	公共建設監測	85.8
2	機器學習	85.2
3	AI（人工智慧）	84.6
4	自動駕駛系統	84.4
5	電動車用全固體電池	83.8
6	再生醫療	82.7
6	次世代手術支援機器人	82.7
8	低功耗廣域網路 LPWA（Low Power Wide Area Network）	82.0
9	微針療法	81.2
10	人工光合作用	79.9
11	物聯網（IoT）	78.6
12	健康小站網絡	78.1
13	3D 列印	78.0
14	高齡者照護系統	77.9
14	數十億位元乙太網路（multi-Gigabit Ethernet）	77.9
16	液態生物檢體	77.8
16	透過社群網站（SNS），運用災害情資	77.8
16	網路遠距診療	77.8
19	免疫檢查點抑制劑	77.3
20	利用腸內細菌	76.9
21	量子電腦	76.5
22	VR（虛擬實境）	76.2
22	智慧診療室	76.2
24	手勢辨識系統	75.9
25	建築整合太陽能光電系統（BIPV）	75.6
26	多芯光纖	75.4
27	迷你運載火箭	75.3
28	3D 列印器官	75.2
29	纖維素奈米纖維	74.6
30	服務型機器人	74.5

資料來源：日經 BP 綜合研究所「經營革新與新技術活動調查」，調查期間為 2016 年 11 月 29 日至 2016 年 12 月 16 日，可在網站下載報告書《改變世界的 100 項技術排行榜》

不僅各領域將與科技融合，產業與產業、科技與科技，人與人之間也會逐漸開始整合。科技的本質是利用人造物讓世界更美好，這一點是不變的。人類運用科技已經有長遠的歷史，因此無論是人、產業、環境或公共建設，都不免出現老化、劣化的情況。而科技的彼此融合則可以讓所有事物煥然一新。

如果是上班族，該如何因應這種融合與再生的風潮？思考跨界合作的可能性，是不可或缺的。管理階級與技術人員、不同的業種之間、老字號企業與新興企業、營利事業組織和非營利組織（NPO）、全世界與本國之間……等，或許都能透過合作迸出新火花。

不同族群的對話交流，無疑是跨界合作的開端。希望經營者與技術人員、各專業領域的技術人員之間，能展開更深入的交流。請務必將本書第二章以後介紹的11種趨勢、以及本書第三章所介紹的重要科技，納入彼此交流的題材。

藉由與經營者和技術人員的對話，我們分別為「管理、企劃人員」和「研究、開發／設計、技術人員」，製作了科技期待度排行榜。雖然大方向不變，但管理階級的人更期待科技能對健康和安全有所貢獻；而技術人員則因了解許多生產現場的課題，所以會更期待公共設施監測和自動駕駛系統的發展。

（「日經技術在線！」網站 總編輯 大石基之、

「ITPro」網站 總編輯 戶川尚樹）

第2章

推動世界的11種科技潮流

二〇一八年以後，各種科技會加速融合，改變人類、生活、公共建設及地球環境，並促進產業變化與革新。在本書的第二章，將透過11位專業雜誌的總編輯，為您解說融合與重生的科技趨勢。

我們將11項科技趨勢整理為左圖。當然所有的趨勢都非常重要，不過本書將以「人」為出發點，依序說明救命科技、改變人類互動和服務的科技、推動公共建設更新的材料與能源科技、奠定人類活動的基礎科技等，並介紹幾種能改變消費行為和產業的科技。

● **不會停止跳動的心臟**　未來人類想要活得長壽，最重要的就是打敗癌症以及心功能不全這兩個大敵。治療心功能不全的醫療儀器和新的治療方式日新月異，其中也運用到「形狀記憶合金」等原本研發出來作為其他用途的材料。

● **用大數據改變價格**　未來的定價策略，將會參考消費者選購商品和服務的記錄或網路行為記錄等個人化數據，訂定出客製化的價格。只要運用IT和AI人工智慧，蒐集、分析大量數據（大數據），將為固有的保險、融資、旅宿等服務業注入新生命。

● **不會發生車禍的汽車**　自動駕駛技術並不光是強化汽車的功能，也是將改變人類移動方式的新服務。自動駕駛技術的發展目前仍無止盡，將會配合高速公路和停車場等地點，展開階段性的發展。而汽車製造商和半導體廠商也攜手合作，共同研發車用AI人工智慧。

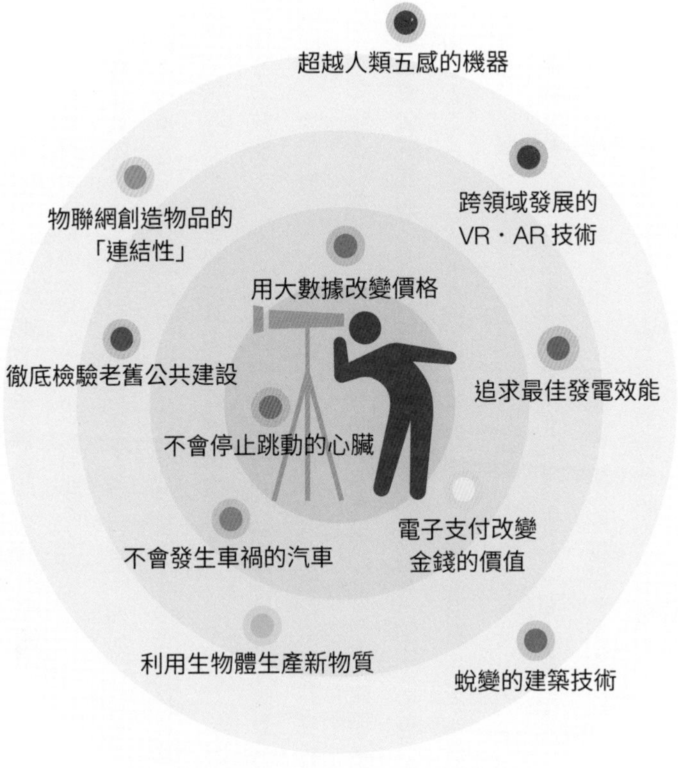

超越人類五感的機器
跨領域發展的 VR・AR 技術
物聯網創造物品的「連結性」
用大數據改變價格
徹底檢驗老舊公共建設
追求最佳發電效能
不會停止跳動的心臟
電子支付改變金錢的價值
不會發生車禍的汽車
利用生物體生產新物質
蛻變的建築技術

圖　2018 年推動世界的 11 項科技趨勢

● **電子支付改變金錢的價值**　目前已推出利用ＩＴ技術的非現金支付方式。雖然難以預測其發展，但日本作為現金大國，勢必會有所因應。日本目前既有的金融機構已開始著手改變金融結構，祭出新對策以利連結其他公司的資訊系統等。

● **利用生物體生產物質**　未來將利用生物體來生產物質，例如研發基因編輯技術，讓操控生物體的基因變得更容易。目前世界上大量消耗以石油等化石資源製造的塑膠製品，活用生物體技術的登場，表示有望解決資源消耗的困境。

● **追求最佳發電效能**　減少二氧化碳、防止地球持續暖化是全球的當務之急，水力發電為這個問題打開了一線生機。水力發電的歷史相當悠久，也曾被視為衰退的科技，不過這項技術不僅將往小型化和低成本化發展，就算是高低落差小的地方，也可能採取水力發電。

● **徹底檢驗老舊公共建設**　高速公路、橋樑、隧道等公共設施的老舊與劣化，是急需解決的問題，卻面臨人力不足、成本負擔重等多種困境。未來若運用無人機和ＩＴ科技，可以檢視公共建設內部的毀損狀況。

● **跨領域發展的ＶＲ・ＡＲ技術**　說到ＶＲ（虛擬實境）和ＡＲ（擴增實境），人們通常會想到遮住半張臉的眼鏡和娛樂產業，但這兩種技術能提供人類新的視覺體驗，將可以廣泛運用在設計、宅配、實體店面銷售、廣告、教育及觀光等領域。

● **物聯網創造物品的「連結性」**　未來不僅資訊產業，就連製造產品的製造業，也會蛻變為全新的風貌。例如，目前持續發展中的FA（工廠自動化）在與IT結合後，也可能實現「智慧工廠」。此外，3D列印不僅能以樹脂為材料，也可能「列印」出金屬製品。

● **蛻變的建築技術**　目前在建築領域中，已經盛行與生物、電子、IT科技等不同產業進行跨領域合作。例如利用細菌，自動修復裂縫的混凝土；或是因應人力不足，採用機械化施工；或是運用IT科技，提高建築物的空間價值等。在本書相關章節中，也提及許多應該向世界各國取經的部分。

● **超越人類五感的機器**　前十項的科技趨勢，皆是與IT、物聯網、AI人工智慧有關。未來各企業將不斷推出新世代的感測器和AI專用處理器，並結合感測器和AI處理器，讓機器模仿人類的知覺和邏輯思維。一旦技術成真，便能擴大、強化人類的力量。

（日經BP綜合研究所　高階研究員　谷島宣之）

不會停止跳動的心臟

治療心功能不全的醫療裝置陸續登場

大滝隆行
「日經醫療在線」網站 總編輯

心臟的功能是將血液輸送至全身，目前醫療界已有多種醫療儀器和醫療方法，可預防、治療心功能不全，使人們可以長命百歲。人只要能維持心臟健康，且能持續攝取足夠的水分和養分，就能活得更健康。

針對功能衰退的心臟部位，可用「形狀記憶合金」(Shape Memory Alloys.，SMA）製造的心臟修補器取代，甚至不必用手術刀打開胸口，透過導管即可置入心臟。此外還有植入型輔助人工心臟，術後即可恢復正常生活。這類醫療裝置皆融合了合金等跨領域的技術。

不過這類治療的缺點是要價不菲。因此，我們已經來到必須認真思考「是否該付出高額醫療費，讓百歲人瑞繼續活到一百一十歲」這樣的時代了。

◆經導管微創主動脈瓣植入術（TAVI）

從血管插入導管，促進弱化的心臟瓣膜重生

心臟的功能之一是將血液輸送至全身的血管，由四個作用類似幫浦的腔室（右心房、右心室、左心房、左心室）、以及防止血液逆流的四個房室瓣膜構成。隨著人的年紀增長，可能導致心肌肥厚、心臟瓣膜鈣化等問題惡化，而使幫浦和瓣膜功能漸漸弱化，最後可能引發心功能不全或重度心律不整，而有致命危險。

心臟幫浦和瓣膜的功能攸關人的生死，而導管治療是近年來修復這兩者的熱門療法。將各種裝置從手腳的血管插入，透過細微的導管，置放於心臟內，以取代衰退的心臟功能。藉此可以將對身體的負擔減至最小，讓心臟恢復正常功能。

在日本，心臟手術傳統的作法是進行外科手術，開胸動刀，在手術過程中會使用人工心肺讓心臟暫時停止跳動。近年從歐美引入「經導管微創主動脈瓣植入術（TAVI）」後，各醫療機構陸續添購相關醫療儀器設備。這種手術可經由導管，將裝置（生物瓣膜）插入、置入心臟，取代左心室和主動脈之間的「主動脈瓣」，恢復瓣膜的功能。

上述的「生物瓣膜」是以豬或牛的心包膜組織製作，由醫師在術前使用專門的工具，將組織摺疊成小尺寸後，再填入導管內。

生物瓣膜會配合患者的主動脈環形狀，以平均的擴張力與主動脈環固定。因此，生物瓣膜可分為從內側以氣球導管膨脹的「球囊擴張式」，和使用形狀記憶合金的「自膨脹式支架」兩種。其構造也能防止瓣膜周邊的血液逆流。

自二〇一三年起，日本就將「TAVI」手術納入保險給付範圍，約三年間就有超過五千名的主動脈瓣功能不全患者接受「TAVI」的治療。在日本，二〇一四年前只有八間醫院可進行「TAVI」手術，目前增加到一百間以上。

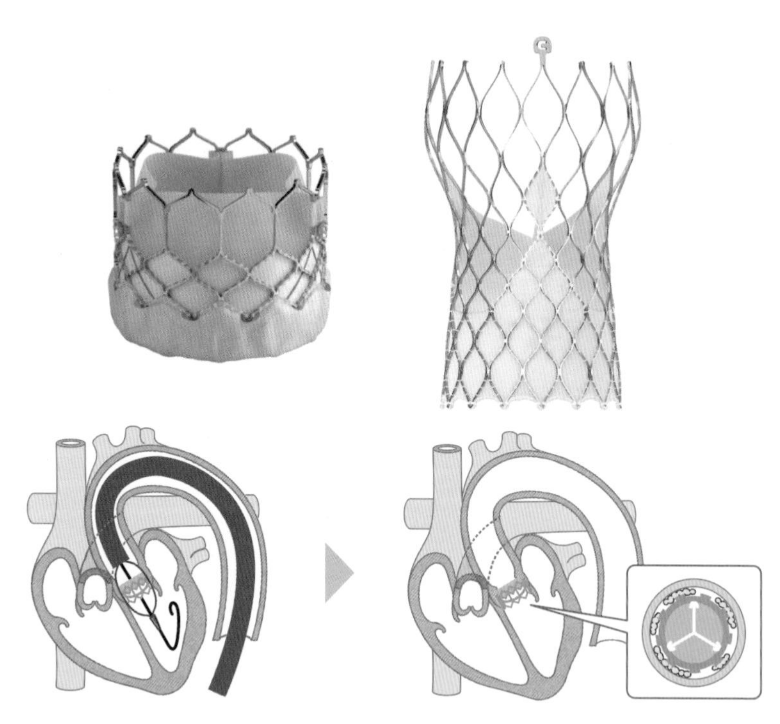

圖　經導管微創主動脈瓣植入術（TAVI）所使用的生物瓣膜支架和置放過程

二〇一六年，美國「愛德華生命科學有限公司」(Edwards Lifesciences) 和日本「Medtronic」兩家公司，分別推出最新儀器，造福更多患者。

「ＴＡＶＩ」的主要功能，是為不能接受傳統開胸手術的病人提供新的治療選擇。治療主動脈瓣膜時，雖然通常會優先選擇治療效果佳的外科手術，不過手術期間必須切開胸廓，讓心臟停止跳動數十分鐘，並且有三～五成的患者由於本身有潛在疾病，因此無法接受傳統的開胸手術，有這種問題的大多是高齡患者。以往這些無法做外科手術的患者，只能選擇對症療法，且大半患者在數月至數年內就會死亡。

選擇「ＴＡＶＩ」的患者，在術後三十日的死亡率低於２％。而就外科手術三十日後的死亡率來看，單瓣膜置換手術為２％、二度開胸手術為７％。專家解釋說，「由於接受ＴＡＶＩ手術的患者大多屬於高風險族群，因此２％以下的死亡率，已經算是相對低的數據」。

◆經導管二尖瓣膜修補術

以夾子裝置修補二尖瓣閉鎖不全

歐洲針對左心房與左心室的「二尖瓣」研發出儀器，讓醫師可以經導管治療患者的瓣膜疾病，這項醫療技術在日本也處於臨床試驗的階段。

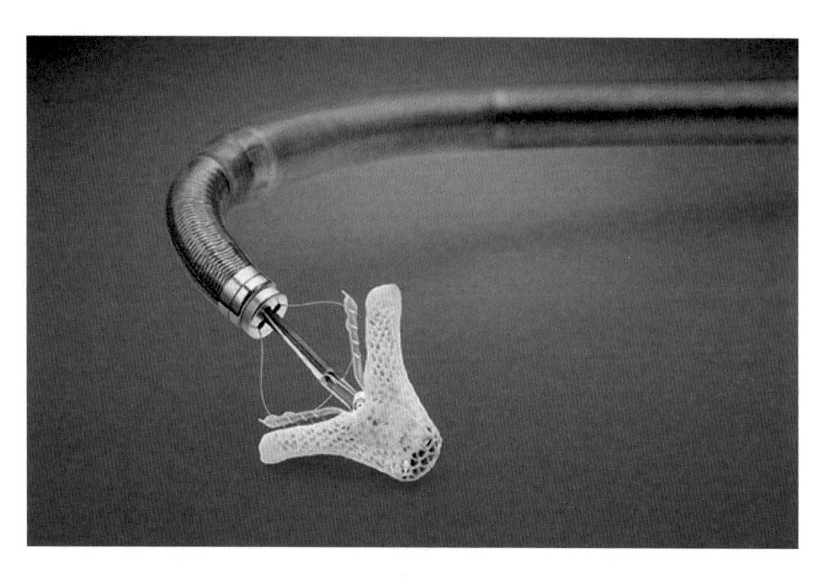

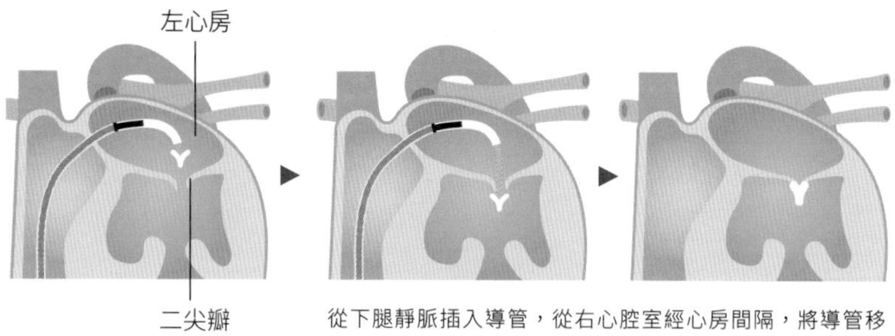

從下腿靜脈插入導管，從右心腔室經心房間隔，將導管移動至左心房、左心室，最後夾住二尖瓣的前葉和後葉兩端，可防止二尖瓣逆流（上圖是使用 J Am Coll Cardiol.，2011;57:529-37 等資料製作成圖片）。

圖　經導管二尖瓣膜修補手術的結構圖（照片來源：亞培日本分公司）

當二尖瓣受損，無法發揮正常功能時，醫師會加固修復瓣膜前葉和後葉。美國亞培藥廠（Abbott Laboratories）為此研發出「經導管二尖瓣膜修補手術（MitraClips）」專用儀器，並於二〇〇八年在歐洲進入實用化階段。

現在全球有超過三十個國家使用「MitraClip」手術來治療重度二尖瓣閉鎖不全的患者。這項治療技術在日本目前處於臨床試驗階段，希望獲得政府核准。

經導管二尖瓣膜修補手術最大的優點是，在心臟跳動的狀態下，也能做瓣膜修補手術。執行「MitraClip」手術時，是從下腿靜脈插入導管，從右心腔室經心房間隔，將導管移動至左心房、左心室，最後夾住二尖瓣的前葉和後葉兩端，防止二尖瓣逆流。

為了治療二尖瓣功能不全，過去會優先選擇傳統的外科手術。其中一種手術方法是縫合二尖瓣前葉和後葉的中央，可以完全治癒逆流現象。但有些患者因為高齡、心功能低下、有心臟以外的合併症、過去動過手術等因素，導致手術風險過高而未能接受外科手術。

專家指出，「雖然經導管二尖瓣膜修補手術不像外科手術一樣，可以完全治癒逆流，但對於控制逆流和改善心功能不全，都可以達到一定程度的效果。對於無法接受外科手術的患者而言，是低侵入式的治療方法之一」。

未來，如果能通過臨床試驗，獲得良好成效，並改良儀器的話，就能進一步治療複雜的二尖瓣閉鎖不全症。

◆自體組織製無支架二尖瓣置換術

全球首度以自體組織製造生物瓣膜

全球首創以自體組織進行二尖瓣手術的先進醫療，也在日本持續發展。先進醫療研究室室長加瀨川均（早稻田大學客座教授），曾任職東京都府中市榊原紀念醫院心臟血管外科主任部長，他與早稻田大學尖端生命醫科學中心的梅津光生教授等人，共同研究出「瓣環成形術」，並研發出「自體組織製無支架二尖瓣置換術」。這種新技術就是全部使用患者自己的心包膜，替代功能不全的二尖瓣。患者動手術取得自己的心包膜後，在體外製作生物瓣膜，再植入體內，這是全球首創、獨特的二尖瓣置換術。

此術式將從患者自體取得的心包膜，縫合在瓣環成形術環上以作為瓣膜，並將其尾端與左心室的乳突肌縫合。由於構造類似正常（normal）的二尖瓣，所以稱之為「Normo 瓣膜」。梅津光生教授等人所研發出來的心臟循環模擬器，在過去十年來好評不斷，也經過大阪大學等機構的動物實驗，證實其具備良好的功能，因此近來啟動了臨床研究。改用新療法的優勢是，由於是以患者自體組織製造瓣膜，所以植入之後比較不會產生排斥反應，使用壽命可期。術後也不必服用抗凝血藥物，且患者還可以懷孕生產。

此外，由於使用矽膠製的柔軟材質製作瓣環成形術環，不同於傳統在瓣環上裝金屬支架的人工瓣膜，較不會對心臟和主動脈瓣造成負擔。

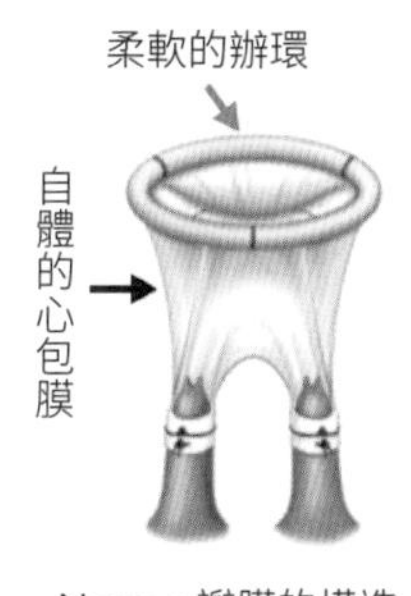

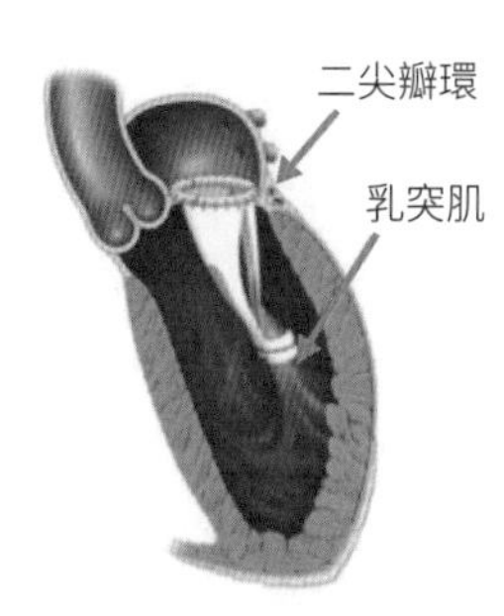

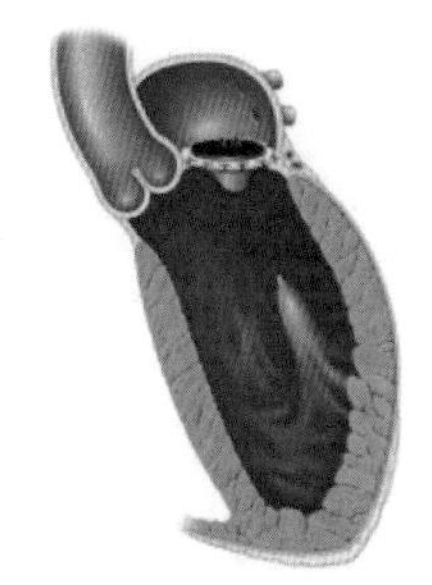

圖　自體組織製無支架二尖瓣置換術所使用的「Normo 瓣膜」（圖片來源：加瀨川均）

由於採用新技術可免去昂貴的人工瓣膜，因此能大幅降低醫療費用。在日本，每年約有九千人需要進行二尖瓣手術，其中約有五千七百名患者可適用Normo瓣膜。

◆冷凍消融術

運用高週波儀器抑制危險的心律不整

各種心臟疾病中，高齡者最常見的就是「心房纖維顫動」，這種心律不整的症狀，是會影響餘命的沉默殺手。發作時，心房跳動不規則，將無法正常送出血液。

「心房纖維顫動」被稱為沉默殺手，是因為會導致心功能不全、心房內產生血栓，增加心因性腦梗塞的風險。就算是沒有瓣膜疾病的心房纖維顫動患者，每年也有3～9％的人會發生腦栓塞，終生發病機率更高達36％。隨著日本人口結構高齡化，我們也預期未來恐怕會有更多人罹患心房纖維顫動所引發的心因性腦梗塞。

近年來，醫界經常使用「射頻消融手術」（Radiofrequency ablation，簡稱RFA）來治療患者，這種手術是讓高週波電流通過導管前端，將造成纖維顫動的肺靜脈口燒灼成點狀，藉由形成絕緣部，有效阻斷、隔離不必要的電氣傳導。

也就是說，透過手術，可以防止肺靜脈的電氣傳導至心房。

到了近年，研究人員已研發出新療法「冷凍消融術」，利用冷卻至負四十五度的導管氣囊，以冷凍燒灼的手法將肺靜脈口燒灼成圓形。只要將在左心房內擴張的球狀氣囊抵住肺靜脈口，即可完成治療，縮短治療時間。治療手法比「RFA」簡便，因此有更多醫師採取這種治療方法。

「射頻熱球囊（Hot Balloon）」是使用射頻裝置將生理食鹽水加溫至七十度，放入導管氣囊後，抵住肺靜脈口，燒灼大片範圍的手法，而日本比全球早一步在二〇一六年就將「射頻消融球囊」列入保險範圍。由於射頻熱球囊可以調整尺寸，所以治療時可以配合各種肺靜脈口的形狀。

心房纖維顫動發病後，光靠抗心律不整藥物無法恢復正常功能，因此也必須服用可以控制症狀的副交感神經遮斷劑，和預防腦梗塞的抗凝血藥物。不過，服用藥物也不能保證可以百分之百預防症狀出現和腦梗塞，而且還伴隨出血等副作用的危險。

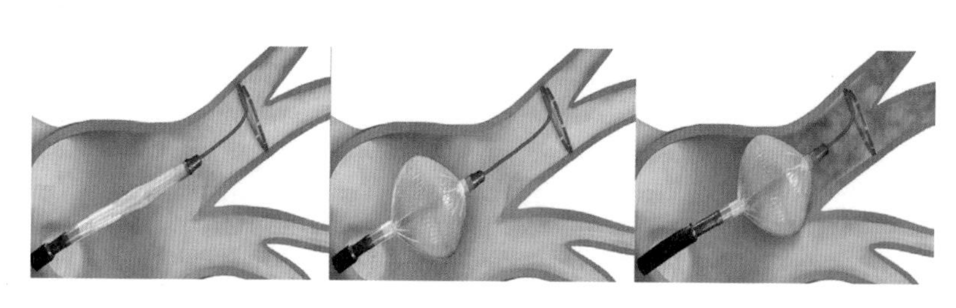

圖　冷凍消融術的結構圖

◆左心耳封堵器

預防心房顫動產生血栓

為了解決心房纖維顫動伴隨的血栓問題，在日本還研發出「左心耳封堵器」。

發生心房纖維顫動時，血液可能滯留在從左心房突出、呈耳垂狀的左心耳，所以容易形成血栓。目前已知非瓣膜性心房纖維顫動所引發的血栓，有超過90%都是發生在左心耳。既然如此，只要從心臟內封住左心耳開口，就能降低發生血栓栓塞的風險。左心耳封堵器就是在這樣的構想下被研發出來的。

目前有兩家封堵器廠商都已經準備進入臨床試驗階段。只要能將封堵器固定於左心耳，就不必再服用抗凝血藥物來預防腦梗塞了，更可為出血風險較高的患者，提供另一種新的治療選擇。

在目前兩種左心耳封堵器中，由「波士頓科技公司」(Boston Scientific)推出的「WATCHMAN」系統，已有日本以外國家針對非瓣膜性心房纖維顫動的血栓栓塞做隨機對照試驗，證實其療效不輸抗凝血劑(Warfarin)。

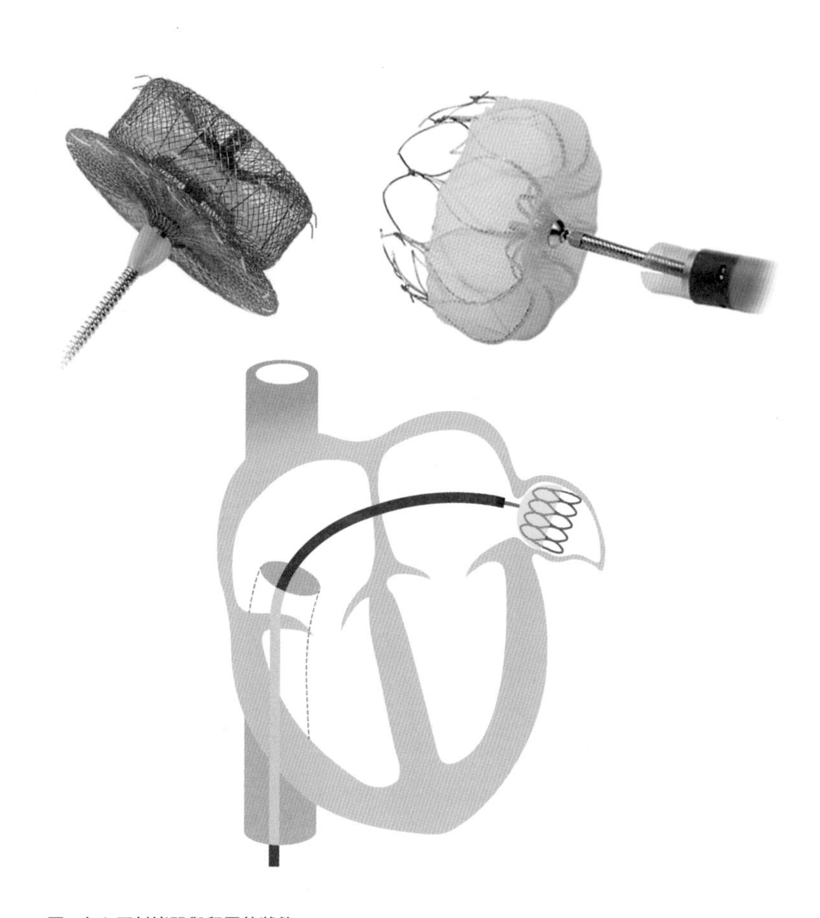

圖　左心耳封堵器與留置的狀態

改變預後不良疾病的自然發展過程

上述新儀器的出現，可能大幅改變心房纖維顫動等預後不良疾病的自然史（自然發展過程）。實際上，根據歐美的研究報告顯示，在不考量腦中風風險的情況下，心房纖維顫動的患者在進行消融手術後，生存率可望提高至與無心房纖維顫動的患者相同。專家表示，「早期發現心房纖維顫動，並接受適當治療，這點將會越來越重要」。

◆全皮下植入式心臟去顫器（S－ICD）

避免斷線和感染風險的無導線起搏器

重度心律不整和心功能不全可能會引發猝死，而可預防這類猝死的儀器正在迅速普及。「全皮下植入式心臟去顫器」（S－ICD）是近來研發出來的儀器，可以預防心室心搏過快、心室纖維性顫動等致死性頻脈心律不整所引發的猝死。

使用方式是將「S－ICD」的本體植入在人體左臂腋下的皮下，在皮下做出很細小的隧道，從本體沿著劍突側邊，將導線（電極）留置在胸骨左緣。導線不會通過血管。

植入式心臟去顫器（ICD）的成效，並不會比傳統去顫器差，且歐美的臨床試驗顯示，植入式心臟去顫器從沒有引發過任何敗血症或導線故障的情況。

傳統的做法必須將「ＩＣＤ」本體植入患者胸部的皮下組織，並將導線留置在血管內。但這樣的作法將無法避免導線留置時、留置後發生斷線或故障的問題，或者在儀器植入後引發感染或血腫。

◆無導線心臟節律器

將超小型儀器置入心室並直接以電流刺激

另一種治療緩脈心律不整的最新儀器是「無導線心臟節律器」，這可以調整病竇症候群、房室傳導阻滯等重度心律不整的病況。透過操作導管，將儀器留置在右心室內，從本體前端的電極，直接進行電刺激，調整心律。

二〇一七年二月，日本核准美國「美敦力」(Medtronic)的無導線節律器「脈克拉」(Micra)上市。「Micra」分別於二〇一五年四月在歐洲、二〇一六年四月在美國獲得批准上市。

「Micra」的直徑為6.7公釐、長25.9公釐、容積為1毫升、重量1.75公克，體積只有目前節律器的十分之一左右。利用專用導管，從病患的鼠蹊部將導管插入大腿靜脈，輸送至右心室，並固定在接近心尖的心室中膈。讓前端的陰極與本體後方的黑色環狀陽極間形成電位差，即可進行刺激。

「Micra」的頭端有記憶合金製的倒鉤，用於將本體固定於心肌中。

儘管「Micra」的電池平均壽命長達12.5年，不過並不適用於心房和心室都必須放入導線的疾病，由於在技術上有其限制，因此雖然日本每年約有六千人接受節律器植入手術，但預估大概只有幾成的人會替換成無導線心臟節律器。

然而，未來隨著雙心室節律器的研發和發展越來越進步，無導線節律器仍有機會成為主流。

「Micra」並不是全球首創的無導線心臟節律器，第一個上市的其實是美商「亞培」（產品名稱為「Nanostim」）。二〇一三年十月「Micra」在歐洲獲得認證，目前在日本處於臨床試驗階段，尚未申請認證。

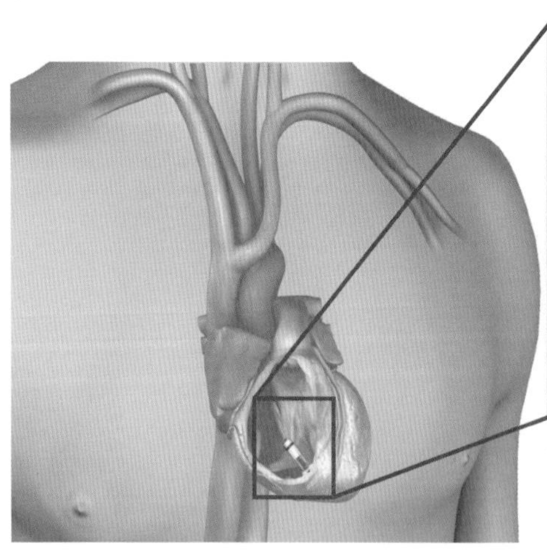

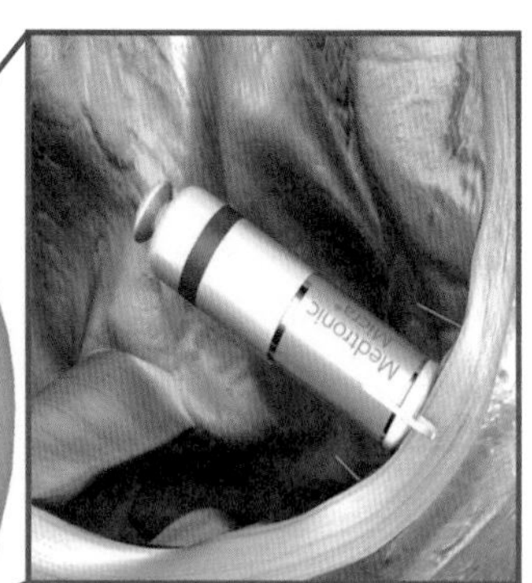

利用導管，從鼠蹊部的大腿靜脈放入右心室，直接固定在接近心尖的心室中膈
（照片來源：日本 Medtronic）

圖　無導線節律器置入範例

◆心臟再同步化治療（Cardiac resynchronization therapy，CRT）

根據患者心臟狀況刺激特定部位

如果是中度和重度心功能不全的患者，當血液輸送至全身的左心室左右室壁，收縮和放鬆出現不同步時，就會大幅減弱血液輸送的力量。針對這類患者研發的「心臟再同步化治療」（CRT），是利用雙心室節律器，從兩側刺激左心室，治療收縮和放鬆不同步的情況。不過，目前治療無效的比例高達30%。

因此，來自東京大學的創投公司「UT－Heart研究所」（位於東京世田谷區、董事長為久田俊明），研發出「UT－Heart」系統，可模擬接受CRT治療的患者心臟，預測治療效果。依據患者個人的X光電腦斷層掃描、磁振造影、心電圖、心臟超音波檢查、血壓等資訊，「判斷二千萬個細胞的行為和血液活動，在電腦上顯示個人的心臟狀態」（杉浦清了董事表示）。透過這套「UT－Heart」模擬系統，可以了解患者的心臟形狀和跳動情形，並掌握適當的刺激部位。

杉浦清了董事解釋說，「利用『UT－Heart』模擬系統，事先知道沒有療效以後，就能避免無意義的醫療行為。並且，雖然目前能進行電刺激的部位有限，不過無線電刺激的技術即將邁入實用化，透過預先模擬，就能展開以前無法進行的治療」。

目前已經完成十多個案例的臨床研究，發現在改善心臟幫浦功能上，預測效果和實際成效之間，具有高度相關性。為配合計畫將該系統搭載於「富士FUJIFILM」推出的手術模擬裝置，預定於二〇一七年申請臨床試驗，以通過醫療器材的認證。

◆植入型心室輔助器

心律不整的重症患者也可能長命百歲

對於擴張型和縮窄性心肌症等，無法以藥物療法或CRT治療的重度心功能不全患者，可以透過在人體內裝設幫浦的「植入型心室輔助器」來治療。

心室輔助器的基本結構，是由人工血管和驅動裝置等組成，將送出血液的離心式幫浦或幫浦連接至心臟。

市面上已有多種植入型心室輔助器，不過以可以連續打出血液的「非脈動式」為主流。過去則通常採用模仿心臟跳動的「脈動式」，等幫浦累積到一定的血液量後，再產生脈動流打出血液。

此外，近年研發出來的「DuraHeart」（研發廠商為「Terumo」）和「HeartMate3」（研發廠商為「Thoratec」）等心室輔助器，是採用「磁浮原理」以磁力使幫浦內的旋轉葉輪往上浮。由於少了軸承等接觸部分，所以不容易在幫浦內形成血栓，可延長使用壽命。

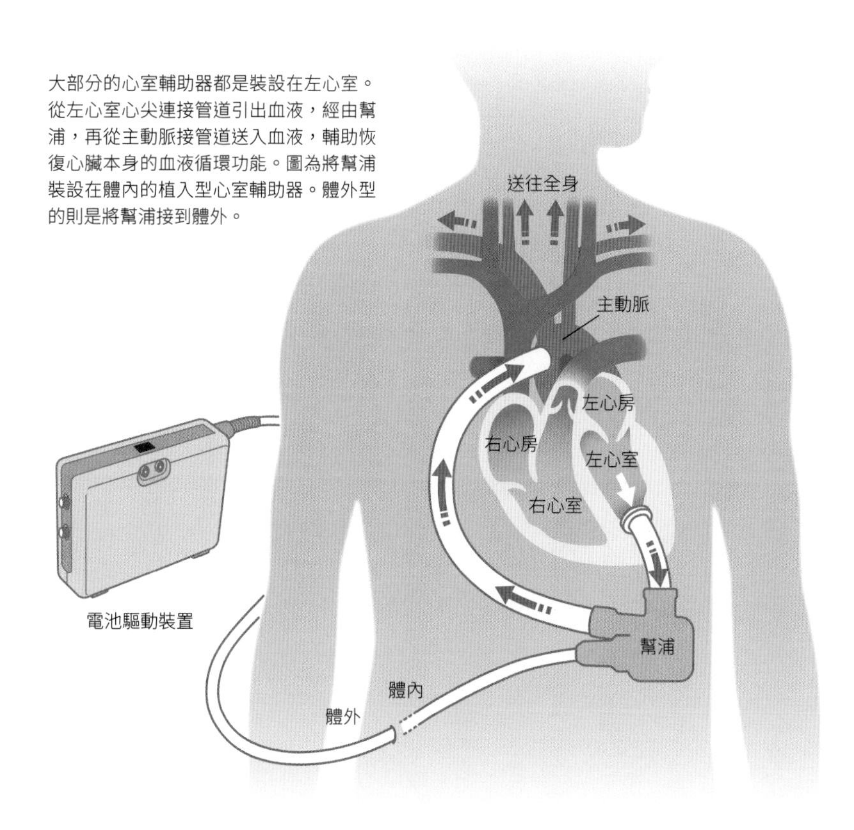
大部分的心室輔助器都是裝設在左心室。從左心室心尖連接管道引出血液，經由幫浦，再從主動脈接管道送入血液，輔助恢復心臟本身的血液循環功能。圖為將幫浦裝設在體內的植入型心室輔助器。體外型的則是將幫浦接到體外。
送往全身
主動脈
左心房
右心房
左心室
右心室
電池驅動裝置
幫浦
體內
體外

圖　心室輔助器的結構圖

病患在裝設植入型心室輔助器後，即可出院居家療養。

傳統的心室輔助器是以體外設置型為主流，將導管連接至體外的驅動裝置和幫浦。體外型心室輔助器的研發是以短期治療為前提，患者必須住院等待心臟移植。一旦裝上體外型心室輔助器，就要等待心臟功能恢復正常才能出院。

不適合換心的患者，也能接受治療

如果是重度心功能不全的患者，過去只能選擇心臟移植手術。但由於心臟捐贈者有限，因此只有極少數的患者有換心的機會。隨著植入型心室輔助器的發展，或許能翻轉現況。

此外，對於有糖尿病等合併症的患者，或因高齡等原因而不適合做心臟移植的重度心功能不全患者而言，心室輔助器將是可供選擇的終生居家治療方案（Destination Therapy）。

實際上，美國已經核准多種相關產品上市，讓不適合心臟移植手術的患者，可以採取終生居家治療，目前也有許多心功能不全的高齡患者已經植入這類儀器。

天價儀器的成本效益受到質疑

如前面所述，目前的科技已研發出各種技術和治療方法來達成「不會停止跳動的心臟」，也逐步引入臨床醫療上。

但以上所介紹的每一種技術和方法都價格不菲。我們當然不能否認這類高價醫療將大幅增加醫療費。因而有必要針對成本效益進行討論。

例如，植入型心室輔助器，光是材料費就超過一千萬日圓。日本有很多罹患缺血性心肌症而導致重度心功能不全的高齡患者，並且正在無所不用其極嘗試藥物治療和繞道手術等各種療法。若將心室輔助器裝在這些百歲人瑞體內，讓他們活到一百一十歲，就技術上是可行的。不過，即使將採用心室輔助器的終生居家治療方案納入保險範圍，如果高齡者都毫無節制地使用，醫療費用一樣會增加。

導管治療儀器的價格也很驚人。經導管微創主動脈瓣植入術（TAVI）所使用的儀器，保險支付價格約為四百六十五萬日圓，再加上住院費等，醫療費用總額約為六百萬日圓。若改用外科手術中的主動脈瓣置換術，醫療費用總額則落在三百～四百萬日圓之間，相較之下，TAVI的醫療費幾乎是二倍之多。

負責審議診療報酬的日本中央社會保險醫療協議會（簡稱中醫協），目前已經將TAVI醫療費用偏高的問題納入議題。在二〇一八年的診療報酬改定案中，把TAVI產品列入「成本效益評估」的對象，以作為重新制定藥價的原則。我們預期中醫協將於成本效益評估部門的會議上，討論相關課題。

用大數據翻轉價格

客製化定價

市嶋洋平
《日經大數據》雜誌 總編輯

「今年徹底落實安全駕駛，所以汽車保險的保險費比去年降了二成」。「健康年齡比實際年齡年輕五歲，所以壽險費用每年少了四千日圓左右」。二〇一八年以後，日本的各種商品和服務皆將利用大數據，為每一位消費者訂定專屬的價格。

大數據的運用方式，就是蒐集關於個人行為、健康、興趣、甚至信用等個人化數據或是個人參與社會活動的相關數據，並使用人工智慧（ＡＩ）等工具分析這些數據。大數據時代將為保險、融資及旅宿等業者的服務創造新價值。

另一方面，我們應該如何規劃數據流通的制度？在保護隱私的前提下，如何讓個人數據的利用，可以避免侵犯個人隱私？這些都是當今必須檢討的課題。

◆車載資通訊保險

以汽車駕駛行為數據計算保險費

有保險公司推出「車載資通訊保險」，讓落實安全駕駛的車主，能享有保費優惠。「車載資通訊」（Telematics）是指將汽車相關數據連結網路，以擴大服務範圍。藉由通訊系統蒐集汽車的車速、煞車、踩油門等駕駛行為數據，再依據分析結果調整保險費。

「豐田汽車」（TOYOTA）已擬定營運方針，宣布自二〇一九年起於日美中三國推出的車款，將全面搭載此通訊功能。只要整合汽車通訊環境，未來可依安全駕駛行為給予優惠的汽車保險市場，將會急速擴大。

「日商愛和誼日生同和產物保險股份有限公司」（Aioi Nissay Dowa Insurance）於二〇一八年推出了「駕駛行為反映型車載資通訊保險」，配合駕駛人每個月的駕駛行為和現行的汽車保險等級制度來訂定保費。假設一年開二萬公里，預估投保人最多可節省20%的保險費。

「損害保險日本興亞公司」，也從二〇一八年一月起推出「安全駕駛優惠」制度，依據駕駛行為診斷結果，最多可為投保人調降20%的保費。該公司也透過智慧型手機的導航APP「Portable Smiling Road」蒐集、分析行車數據，掌握投保人是否落實安全駕駛。該APP也具備診斷駕駛行為的功能，可透過智慧型手機的感測器所蒐集到的數據，評估踩油門、煞車、方向盤操控及節能等4個項目的安全駕駛分數。

前者是從汽車、後者是從智慧型手機蒐集各種駕駛行為。除此之外，保險公司也會蒐集駕駛人的加速減速情形、轉彎技術等駕駛行為，和發生車禍的機率等數據，分析兩方面的數據後，再決定保費的優惠率。

為了因應這樣的趨勢，「日商愛和誼日生同和產物保險股份有限公司」於二〇一五年三月收購英國大型車聯網保險集團「Box Innovation Group」(BIG)。該公司以車聯網保險見長，旗下的「ITB」(Insure The Box)公司會針對車險保費較高的年輕族群，推出以駕駛行為計算保費的保費預付型車險。投保人只要減少超速、急煞車等危險行為，保持安全駕駛，就能獲得「紅利里程數」，在預付的保費下，能行駛的距離會變得更長。

「ITB」於二〇一〇年五月推出這種車險，二〇一七年以前投保件數累積約五十萬件，該公司已蒐集了五十億公里的駕駛行車資料。蒐集這些行車資料和事故數據，將有助於計算駕駛行為反映型保險的保費。

圖　可連結到保險系統的車款已日漸增加

◆大數據壽險

運用智慧型手機蒐集健康資訊

大型壽險公司傾力於大數據保險產品的研發，預估二〇一八年以後，將推出更多產品。隸屬日本「第一生命保險公司」的「Neofirst」生命保險公司，率先發售「ネオde健康エール」保險，這是以「健康年齡」代替「實際年齡」來計算保費的保險產品，將針對癌症等八大生活習慣病，給予住院給付。簽約時，會依據被保險人的健康檢查結果等資料，判斷其「健康年齡」以計算保費，之後每三年更新一次。

例如，健康年齡五十歲的男性，每月保費為二千七百二十二日圓。假設該男性健康年齡降低至四十歲，則保費也會跟著調降為一千七百八十二日圓。根據該公司研究顯示，健康年齡比實際年齡年輕五歲的人，罹患生活習慣病的機率，將比健康年齡同於實際年齡的人降低二～三成。

至於健康年齡的計算方式，該公司是從日本醫療數據中心提供的資料，包括約一百六十萬人的健檢資料和診斷報酬明細報告等，運用「瑞穗第一金融科技」公司提供的分析技術計算出來的。計算前，被保險人也必須先提供體格指數（BMI）、血壓、尿液檢查、血液檢查等報告。

雖然每三年更新一次健檢報告，不過壽險公司正在推廣技術應用，以利隨時掌握被保險人的健康狀態。其中最有效的就是推出手機APP，協助被保險人維持健康生活習慣。

「AXA安盛保險公司」自二〇一四年起，就提供投保人專用的健康APP「HealthU」。投保人只要回答APP上的問題，完成9個步驟，該APP就能依投保人的健康程度和管理健康生活的積極度，來判斷其健康狀態。並且，依照投保人的情況，還會提供「外食也別忘了多攝取蔬菜」、「每天最多吃三口甜食」等建議。投保人還可以為自己設定每天的走路步數，記錄完成度，並與朋友做比較。

此外，「日本生命保險公司」也預計和「Mapion 公司」的健走追蹤APP「aruku &」合作，針對個人保戶推出「健康里程數」的兌獎制度。

從上述可知，各大保險公司都已經開始運用AI人工智慧。「明治安田生命保險公司」也與推出減肥APP的「FiNC公司」合作，提供中小企業專用的健康管理服務。透過手機APP記錄、管理走路步數、體重、睡眠、飲食等日常活動，以維持、改善員工的健康。除了記錄日常活動的APP之外，還有「私人教練AI」這套軟體，也會根據體溫、血壓等生命數據，為使用者各種建議。「FiNC公司」的出資者除了「明治安田生命保險公司」，也包括「第一生命保險公司」等企業。

◆信用評分

參考個人的社群網路活動，決定信用額度

「信用評分」是指依據顧客的各種訊息，決定信用額度和利率的融資服務。

日本「瑞穗銀行」與「軟銀」(SoftBank)公司合資成立了信貸公司「J·Score」，並於二〇一七年九月開始提供融資服務。

該信貸公司審核申請人時所參考的資訊，除了個人既有的信用資訊、家庭背景之外，也包括申請人使用「軟銀」(SoftBank)的記錄、「瑞穗銀行」的服務記錄、SNS(社群網路)等網路活動記錄，及個人興趣、性格診斷結果等。以AI人工智慧分析上述一連串的大數據，並參照申請人的思維和行為模式後，評定分數。接著就以此分數決定個人信用額度和利率，申請人也能看到自己的分數。只要利用智慧型手機，即可輕鬆利用這項貸款服務。

日本「新生銀行」也正在研究如何運用大數據分析，推出新的融資服務。其中比較新穎的部分，是採用申請人申請時的大頭照和筆跡加以分析。例如，筆跡端正的人是否會按期還款，或是兩者之間無顯著的關係?這是研發人員正在努力的方向。

日本目前也在研究如何將大數據分析應用在中小企業的融資貸款上。如果將原本無法向銀行借貸的小規模企業納入貸款對象，預期將進一步擴大企業融資的市場。

「歐力士」（ORIX）和其關係企業「彌生軟體開發公司」，於二〇一七年十月創設新公司「ALT」，開始將財務會計大數據分析應用於融資事業上，建立信貸評分模式。

「ALT」的事業部經理池田威一郎表示，他們的目標是「五年後使用者增加至五萬人，並達成數百億日圓規模的融資市場」。他們所運用的數據，就是彌生會計軟體所蒐集的每日記帳記錄。將數據套用信貸評分模式，即可判斷個人的貸款額度和利率，再整合歐力士的信貸知識，與研發AI人工智慧的「d.a.t.」公司共同建立信貸評分模式。

「ALT」公司是信貸業者，經營融資事業，蒐集融資客戶的交易資料，並建立精確的信貸評分模式。未來也預計將信用評分模式提供給「千葉銀行」、「福岡銀行」、「山口金融集團」、「橫濱銀行」等其他業者，以取得授權收入。

美國早就將大數據運用在中小企業的融資上，擴大融資市場。推出智慧型手機與平板電腦行動支付APP的美國「Square」公司，也推出了「SquareCapital」，這是參照交易資料提供企業借貸的服務。二〇一七年一月～三月的申請案件已超過四萬件，融資金額達二億五千萬美元，比前年同期增加64%。

目前日本最大的專業網路銀行「住信SBI網銀」等金融機構，以及「moneyforward」和「freee」等打造雲端會計軟體的企業、「亞馬遜借貸服務」（Amazon Capital Services）和「樂天信用卡公司」等網購企業，也都開始搶攻大數據融資市場。藉由蒐集判斷信用額度的相關資訊，預估二〇一八年以後，將可進一步擴大融資市場。

動態定價
依照顧客需求，改變住宿費用

「相同飯店，給你不同價格，一家歡喜一家愁」。某比價網站的電視廣告以這句台詞帶動了話題。站在飯店等提供住宿服務的業者立場來看，比價網站雖然可以吸引顧客，不過也會引發削價競爭。

因此後來才會出現「動態定價」服務，讓旅宿業者可以透過大數據變動住宿價格，而非單一大打價格戰。

經營日本旅遊網站「Jalan.net（じゃらんnet）」的「Recruit Lifestyle」公司，在二〇一八年春季，針對旅遊業者推出新服務「Revenue Asistant」。活用市場環境和「Jalan.net」大數據所預測的需求資訊，為業者設定適當的住宿價格。

該公司電商本部旅行事業規劃部的宮田道生表示，「利用數據科學，可以提供有助於訂定價格的資料。例如：客房銷售預測、旅館業者所在區域的需求等資料。最終可由業者掌握價格的主導權」。

例如，旅宿業者如果判斷客房需求較大，房間將會很快銷售一空的話，即可抬高價格。反過來講，如果預測還有很多空房的話，則可降價求售。

動態定價先驅「Airbnb」

全球最大的民宿訂房平台，來自美國的「Airbnb」（愛彼迎），是動態定價的先驅。「Airbnb」的房價每天都不一樣。該房價並不是由供應客房的「民宿主人」訂出來的，而是「Airbnb」應用機器學習，由電腦演算出來的結果。

該公司提供民宿主人支援房價設定的「Smart Pricing」系統。民宿業者只需要輸入房價的上限、下限、入住人數等三項資訊，電腦就會演算出最適當的房價。

「對於民宿主人而言，訂定房價是很難的工作。必須每天蒐集各種資訊，持續更新價格。因此我們想要提供可以代勞的工具，使民宿主人實現收益最大化」，「Smart Pricing」系統的產品經理卡拉．培里卡若（Carla Pellicano）這麼說。

電腦演算房價的依據，包括該都市的住宿需求、旅館位置、物件內容等，以此掌握價格彈性，決定價格以達成營業額最大化。所謂價格彈性，是指房價隨需求增減的變動範圍。「Airbnb」的數據科學家包爾．伊夫拉（Bar Ifrach）表示，「在決定房價時，物件的價格彈性遠比需求動向更重要」。

就一個優良物件來講，假設漲價不會影響需求的話，即可因應住宿需求漲價。

一般休閒旅遊時，如果抬高客房價格，旅客通常會轉而選擇其他住宿地點或都市，導致需求驟降。

「Smart Pricing」的演算是以一天為單位，參考數百種資料來預測住宿需求和價格彈性。所有預測都出自機器學習演算法。學習資料超過數十億筆，預測模式的特徵也有數十萬種。「預測過程幾乎沒有人為干預」，該系統的資深軟體工程師張黎表示。會影響訂房的區域性活動等，都是直接由演算法根據訂房動向來進行預測，而不是透過人工輸入相關活動日程。盡可能排除人為干預，讓「Airbnb」每天都可以預測數百萬間房間的價格彈性。

◆利用機器學習，訂定理想價格

每日浮動的棒球賽票價

日本「雅虎」和日本職棒球隊「福岡軟銀鷹」於二〇一七年七月，針對部分雅虎巨蛋球賽門票，正式運用機器學習，採取價格最適化的策略。

例如在九月的某一天，當你打開雅虎的電子購票網站「PassMarket」一看，就可以發現軟銀鷹隊主場的「S指定席」一壘側看台票價為四千五百日圓至七千日圓，差距相當大。通常所有區域的觀眾席票價都是統一的，先搶先贏。相較於此，即使是買同一區，動態票價系統也會判斷哪些場次和座位比較好賣，而訂定較高的票價。雖然這種銷售法只應用在部分座位上，不過的確對傳統的售票方式帶來新氣象。

圖　同樣的球賽、同樣的球場座位，票價卻每天都會變動

同一區，甚至是同一個座位之所以會有不同的票價，是因為機器學習會根據過去三年的實際票房、聯盟內的排名、各球隊的對戰成績、比賽日期、售票情形等多種資料，預測出每一場賽事的需求，並依需求訂定價格。

列入計算的數據，包括了對手的成績、球員的「二千支安打」等記錄、先發投手、剩餘比賽場數等。

雅虎的票務本部產品推廣部長稻葉健二表示，「即使都是視野相當的座位，其價值也不盡相同。我們希望觀眾能買到心目中理想的座位」。雅虎在二〇一六年也展開實驗性的價格最適化策略。

他們評估每一排座位的價值，訂定不同價格。評估價值時使用的資料同於二〇一七年，價格以「一百日圓」為單位上下浮動。例如，九千日圓的球賽門票，每一排的價位不一，最高可能賣到九千九百日圓，或者越接近比賽日期，更可能上漲五百日圓。同理，在遇到需求低的賽事時，也可能會調降票價。

◆數據交易市場

將數據賣給個人或企業

大數據和大數據分析在當代孕育出新的價值，從公司外部取得新資料已形成一股風潮。為了因應這樣的新需求，而產生了個人與企業、企業與企業之間的資料交易市場。大型企業也紛紛投入資料的交易買賣，設立創投企業，媒合買方和賣方。

個人與企業間的資料交易案例之一，就是日本「EverySense」公司推出的手機APP「EveryPost」。下載這個APP的使用者，可以自行設定位置、加速度、方位、行走步數、氣溫、氣壓等可供販售的感測器數據資料，將資料販售給企業後，會由系統寄送買方企業的「申購明細單」給已註冊的個人賣家。

三個月的定位記錄，要價五百日圓

例如，買方企業可在申購明細單中填入「每十分鐘提供一次定位資料（透過手機），並公開出生年月日和性別等資訊。只要提供X次資料，即可獲得Y點」。

使用者如果接受企業開出的明細條件，即可販售自己手機中的感測器定位資料。

在資料提供者提供資料後，「EveryPost」便會依照明細單贈與點數。累積達到一定點數後，可兌換為現金。該公司為了紀念該服務的推出，募集了明細單來做測試，結果顯示使用者提供三個月的手機感測器定位資料，可獲得相當於五百日圓的點數。

該公司希望將同樣的服務結構推廣至手機以外的物聯網裝置，搭建個人與企業、企業與企業間進行資料交易的平台，並於二〇一七年十月，正式訂定資料交易的價格。「EveryPost」並非資料保管者，而是擔任媒合角色，提供平台給資料提供者與使用者。「EverySense」的董事長北田正己表示，「為了確保交易的中立性，我方並不參與價格決定」。

另一方面，「日本資料交易所」(Japan Data Exchange) 於二〇一七年一月架設了一個「目錄網」，羅列出企業的資料交易條件。該交易所是由曾任職於「三菱商事」的森田直一社長，與從事行銷支援等服務的「Digital Intelligence」和「Datasection」兩家公司共同成立的。「目錄網」的服務內容正如其名，是提供資料目錄，讓資料的賣家更容易搜尋到買家，也建立相關機制讓雙方順利執行訂價和權利處理等交涉事宜。

當企業在「目錄網」註冊時，必須提供約五十項資料以便進行企業間的交易。「經營企劃、法務等企業部門、學術、研究團體等組織，都必須提供不同的交易資料。儘量提供完整的資訊，有利於交易順利進行，加速資料流通」，森田直一社長表示。

以往企業間的資料交易，必須協商價格和條件才能成立，因此會拉長交易過程的時間，而且也很難知道哪家公司擁有什麼資料。「目錄網」正是為了解決這些問題而出現的。

重視健康資料的流通

「健康照護物聯網聯盟」(Healthcare IoT Consortium),是由專門研究健康資訊的東京大學教育學研究所山本義春教授所主持的產業合作計畫,主要業務是進行健康資料的流通技術標準化,建構資訊流通的基礎。山本教授說,「希望能在二〇一八年完成技術標準化和平台設計,並於二〇二〇年開始運營」。

他們目前的構想,是以匿名的方式將健康資料提供給「資訊銀行」等組織。在這些組織的管理下,再將資料提供給所需企業,進行研發、產品開發、行銷等方面的用途。從企業收取對價,再將金額還給提供資料的個人使用者。

該資訊銀行是由國家主導成立,希望提供一些好處給資料擁有者,以促進資料的運用,提升社會價值。並且其中也具備「個人資料儲存系統」(PDS)的構想,讓個人可將資料儲存於伺服器或終端裝置,並指定提供者。

透過促進資料流通,讓資料蒐集者和資料擁有者都能發現前所未有的新價值。

大型企業也投入資料交易市場

舉個例子,日本「KDDI」電信公司已領先其他電信業者,自二〇一七年六月起推出「KDDI物聯網雲端~資料市場~」,開始販售資料。

「KDDI」所販售的資料，包括最新店鋪資訊、購買資訊（由「True Data」提供）、未來人口推估、訪日外國人動向分析資料（由「Nightley」提供）等。單筆資料價格從幾十塊日圓起跳，不過「企業在運用資料時，大多都會購買區域或一段期間內的資料，因此每筆交易的金額預估可達數萬日圓至數百萬日圓」（「KDDI」表示）。

除了資料，廠商也提供分析工具。例如與提供GIS（地理資訊系統）軟體服務的「ESRI Japan」合作，共同研發出須付費的商圈分析工具。

「KDDI」解釋，「由於我方長期以來已提供物聯網服務給各領域產業，因此累積了豐富的經驗，我們深諳如何分析才能讓資料產生價值，未來期待能將此技術活用在資料市場上」。

另一方面，感測器是蒐集數據資料時的必備工具，感測器製造大廠「歐姆龍」（Omron），近來也投入資料市場。

但是，歐姆龍本身並不參與交易市場的營運，而是媒合感測器資料的提供者和使用者，並提供專利技術給交易市場業者，以利買賣雙方進行交易。像是「Senseek」（第5445722號專利）技術，會針對資料提供者和使用者雙方的資料，先製作後設資料（Metadata），再針對載有買方條件的後設資料和提供者的後設資料進行媒合，使交易成立。

具體的後設資料包括「感測器種類＝彩色圖片」、「感應對象定位區域＝京都車站前」、「感測器資料價格＝○○日圓」、「用途種類＝學術／商業等」。

「歐姆龍」的技術智慧財產部「SDTM」推廣室室長兼經營儲備幹部竹林一表示，使用該專利技術的「處理引擎原型已經設計完成」，且「歐姆龍」也正在研發可蒐集數種資料的感測器，「我們也在思考讓多家企業共享可以取得多種數據的感測器」。

搭上這股資料交易的風潮，在「歐姆龍」和「日本EverySense」的號召下，由十幾家公司作為發起人，於二〇一七年十月設立了民間團體，一起推廣資料交易市場。

該民間團體將針對資料交易業者和營運，制定自我管理的法規，也將討論業者間的資料流通、如何促進資料提供和交換等議題。也會依需求檢討產業標準化和國際標準化等問題。

防範侵害隱私

在推廣大數據分析和大數據交易方面，最大的難題就是個資保護。日本已經通過「個人資料保護法修訂法案」，於二〇一七年五月施行，之後要將個人資料和數據匿名處理後，才能釋出給第三人使用。原本處於灰色地帶的身體特徵和識別符號（號碼）等個資，現在也納入個資法的保護範圍內。例如，已將臉部、指紋、DNA等身體特徵明確定義為個人資料。

「軟銀」(SoftBank)是率先準備利用匿名化個資的企業，已經在網站上刊載匿名處理資料的開放宣告，並「訂定了公司內部的規範」。具體而言，該公司公布了個資定義、處理方式、使用目的、管理方式、停止使用的手續等。資料的提供對象限縮為「(1)災害防範對策・

地區振興等公共目的、(2)合作單位、(3)有利於保險契約投保人之政策規畫或施行等其他目的」。

由於「軟銀」等通訊業者將手機定位資訊匿名化，這將會牽涉到保護秘密通訊的法規，因此日本總務省已經為電信業者訂定了使用準則。「軟銀」也表示，「匿名化以後的資訊，可以使用到什麼程度？今後我們將考量資料的安全性和公司聲譽，檢驗服務內容。另一方面，我們也針對以深度學習(Deep Learning)等建立人臉辨識的最新技術進行研究報告，瞭解在使用上必須更謹慎小心之處。」

儘管個資相關的法律已修正，但法律並不能解決所有的問題。雖然個資經過匿名處理，但必須審慎確認一般民眾對於「自己的資料被使用」的觀感如何？更何況個資的使用已經引發了下列這起事件。

日本北海道札幌市於二〇一七年夏天的演示實驗中，架設攝影機的計畫遭到中止。原本的計畫，是在長約五百公尺的「CHIKAHO 地下街」裡安裝微定位訊號發射器(Beacon)和攝影機，以偵測人流和屬性(性別、年齡等)，蒐集並活用資訊。原定於三月前決定實驗中要使用的感測器機型，並於八～九月安裝感測器，並在裝數位電子看板時一併架設攝影機。

結果三月時在札幌地下街的「北二条廣場」裝設了電子看板，卻沒有架設攝影機。原因是同年二月二十八日北海道新聞報導中提到：「札幌市進行『臉部辨識』實驗」、「恐濫用個人資料」、「公共空間應嚴格規範個資的使用」等。新聞播出後，大批民眾隨即向市府表達關切之意。札幌市政府表示已於三月二十二日的市議會中決議不架設攝影機，隔日二十三日，北海道新聞即發布「中止『臉部辨識』實驗」的新聞。

我們訪問札幌市都心建設推廣室的負責人時，他進一步說明，「夏季的演示實驗中，其實並不包含臉部辨識的計畫。由於即使現在向市民解釋，恐怕也無法獲得民眾理解，而且時間拖太久的話，

圖　社會大眾憂侵犯隱私

擔心會影響實驗的進行。所以決定以觸控面板取代攝影機，再將資料傳送到電子看板上。」

從上述可知，無論是企業或地方政府，在使用個資時，之所以會引發民眾質疑，很多都是因為「對外說明不足」、「消費者不知道對自己有什麼好處」、「責任歸屬不明確」等。

能克服這些問題，成功運用特殊個資的企業，才能脫穎而出。在這個眾多企業展開激烈競爭的時代，不懂得運用個資的方法，或許就只能等著被淘汰。

（採訪協助《日經大數據》雜誌 前總編輯　杉本昭彥、矽谷分局長　中田敦）

不會發生車禍的汽車

從高速公路到停車場，全程使用自動駕駛

小川計介
《日經汽車》雜誌 總編輯

「希望能在二〇二〇年達到零事故的安全願景」，日本汽車大廠「豐田」（TOYOTA）專務董事伊勢清信誓旦旦地說。「不會出車禍的汽車」是汽車產業的終極目標，現階段已研發出各種技術，並階段性地導入實用化。未來十年間，有望提升行車的安全性。

來自德國的汽車公司「奧迪」（Audi）已搶到全球頭香，將於二〇一八年推出搭載「L3級自動駕駛系統」的量產車。「L3」是指全自動駕駛系統的能力分級，這個等級當遇到緊急狀況時，仍必須由駕駛人手動駕駛。除了德國「奧迪」將在二〇一八年讓L3自動駕駛系統進入實用化階段外，美國電動車公司「特斯拉」（Tesla）也正在研發。就日本而言，「豐田」（TOYOTA）、「本田」（HONDA）及「日產」（NISSAN）等汽車開發廠商，都計畫配合東京奧運，於二〇二〇年達成讓自動駕駛技術實用化的目標。

結合各種自動化技術的自動駕駛系統

實踐零事故車，必須利用各種自動化技術。除了「自動煞車」技術的普及化和進步之外，還有車道變換輔助系統「自動駕駛」(Autopilot)，和「自動停車」技術。

支援上述技術的，是「汽車AI」(車用人工智慧)和「三維光達」(3D LiDAR)等新技術。這是透過車輛所搭載的雷達或攝影機等感測器蒐集數據後，使用AI分析，並將分析結果回饋在研發上，以實現零事故的願景。

有了「3D LiDar」感測器，則讓我們能更接近「零事故車」的終極目標。這種感測技術會以3D模式偵測車輛四周的環境，確認有無障礙物、其他車輛或行人。由於是使用雷射光，所以即使是夜間也能偵測障礙物，其性能優於傳統車輛用的攝影機和毫米波雷達。

全球標準化的自動駕駛等級

目前全球爭相研發自動駕駛系統，其相關性能也趨於標準化。日本和歐洲的汽車廠商皆是採用「SAE International」(美國汽車工程師協會)對自動駕駛車的能力分級，將自動駕駛車從零到五，共分為六種等級。所謂自動駕駛，是指具備等級三(L3)以上的系統配備。

二〇一七年七月十一日，「奧迪」（Ａｕｄｉ）在西班牙巴塞隆納舉辦奧迪全球高峰會（Audi Summit）車展上，正式發表新一代的車款「Ａ８」。「Ａ８」在位於德國內卡蘇爾姆（Neckarsulm）的工廠製造，於二〇一七年秋季在德國上市。此車款搭載了Ｌ３自動駕駛的「塞車自動駕駛系統」（AI traffic jam pilot），預計自二〇一八年起將配合各地法規上市，定價為九萬六百歐元起（約台幣三百四十七萬五千元）。

坐上「Ａ８」後，只要按下位於儀表板中央的「ＡＩ按鈕」，就能啟動自動駕駛功能，它整合了方向盤、油門及煞車。在有中央分隔島或車流量較多的高速公路行駛時，當時速在60 km／h以內，即可按下啟動鍵。

啟動自動駕駛系統後，駕駛人就不必緊盯車輛四周環境並緊握方向盤，所以在遵守國家法律和地方法規的前提下，可以在車內做其他活動，例如看電視等等。

自動駕駛時，車載電腦（汽車專用的嵌入式電腦系統）會分析各感測器所偵測到的資料，掌握車輛四周環境。所使用的感測器除了攝影機、毫米波雷達及超音波感測器之外，還有雷射雷達。

當自動駕駛系統面臨無力處理的狀況，會將汽車的控制權轉移給駕駛人。為了可以順利轉移汽車控制權，自駕系統的技術必須能隨時掌握駕駛人的狀態。

等級	概要	安全駕駛相關的監測、對應主體
由駕駛人全部或部分操控車輛		
SAE L0 無自駕	• 由駕駛人操控全部功能	駕駛人
SAE L1 輔助駕駛	• 系統可控制車輛的加減速或轉向等車輛行駛的相關功能，輔助駕駛	駕駛人
SAE L2 部分自動駕駛	• 系統可控制加減速和轉向等車輛行駛的功能，輔助駕駛	駕駛人
由自駕系統百分之百地控制車輛		
SAE L3 有條件自動駕駛	• 系統可完全掌控車輛行駛（有限定領域*） • 預期駕駛人會適當地回應系統介入的要求	系統 （備援時為駕駛人）
SAE L4 高度自動駕駛	• 系統可完全掌控車輛行駛（有限定領域*） • 不預期駕駛人會適當地回應系統介入的要求	系統
SAE L5 完全自動駕駛	• 系統可完全掌控車輛行駛（無限定領域*） • 不預期駕駛人會適當地回應系統介入的要求	系統

※ 這裡指的「領域」並不限定於地理上的領域，也包含環境、交通狀況、速度、時間等條件。

圖　依 SAE International（美國汽車工程師協會）所制訂的自動駕駛標準分級

圖片來源：日本政府主辦的自動駕駛市場檢討會（二〇一七年三月十四日）

圖　奧迪 2017 年秋季發表的新一代車款「A8」

將搭載 L3 自駕系統

◆自動煞車系統

隨著技術普及，也能偵測十字路口的路況

實現L3自駕車的前提是，同步研發並應用各種自動化駕駛技術。其中累積不少實績的就是自動煞車技術。

「速霸陸汽車」(Subaru)搭載的「EyeSight」駕駛輔助系統，讓自動煞車技術更普及。「速霸陸」汽車在二〇一〇年將此系統升級為「EyeSight Ver.2」，價格調降至原本的一半，約十萬日圓。後來，其他廠商也陸續將自動煞車系統的價格控制在十萬日圓以內。

「豐田汽車」在二〇一五年將「Safety Sense」安全防護系統推向實用化，並計畫於二〇一七年底前，將此系統列為日美歐全車系標準配備。「Safety Sense」系統包括前方車輛碰撞預警系統「Safety Sense C」(實際價格為五萬四千日圓)，和前方車輛與行人碰撞預警系統「Safety Sense P」(八萬六千四百日圓)。目前豐田旗下的小型車幾乎都搭載了「Safety Sense C」，並正在投入於讓所有中型車都配備「Safety Sense P」。

全球各國都有設立汽車安全審驗制度，這是為了督促各家廠商針對市售車輛進行自動煞車等安全系統的評估測試，並公布結果。在日本有「JNCAP」(Japan New Car Assessment Program，日本新車安全評鑑)測試機構，會針對年度新車進行碰撞安全的相關評鑑。

該評鑑每年都會加入新的審驗項目，二〇一八年將列入可偵測夜間行人且具備碰撞預警功能的自動煞車系統。

圖　自動煞車技術與前方車輛碰撞預警系統「Safety Sense」

美國國家公路交通安全管理局（NHTSA）於二〇一六年三月，已與二十家汽車廠商達成協議，推動有碰撞預警功能的自動煞車系統，在二〇二二年九月以前全面標配化。並且，美國保險業的非營利組織「美國高速公路安全保險協會」（IIHS），在評選象徵最高殊榮的「Top Safety Pick+」車款時，也將自動煞車等配備列入評分項目中。

自動煞車技術的持續提升，未來的重點將放在降低路口事故的發生。例如「富豪汽車」（Volvo）和「奧迪」兩家大廠，對於路口右轉情況（歐美為左轉），都已經能透過感測器去偵測對向直行車，並搭載碰撞預警自動煞車系統。

◆自動轉向

自動變換車道

相較於自動煞車技術已普及化，「自動轉向」則是未來將持續研發和推動實用化的技術，也就是由電腦系統取代駕駛人操控方向盤。目前已有部分技術進入實用化階段。

德國「戴姆勒」（Daimler）汽車集團（「賓士」的生產廠商）於二〇一六年上市的「E-Class」車型，就有搭載高速公路自動變換車道輔助系統「Active Lane Change Assist」。駕駛人只要啟動方向燈，系統就會介入控制方向盤，偵測並確認車輛四周安全，再小心變換車道。

「特斯拉」(Tesla) 旗下的「Model S」也配備一樣的功能。

在日本，「豐田汽車」於二〇一七年秋季起問世的全新改良版第五代「LEXUS LS」，也有搭載相同功能。

「日產汽車」則計畫於二〇一八年引入高速公路自動變換車道輔助系統。雖然具體功能尚未確定，不過根據日產汽車技術人員表示，「當前方車輛車速慢於我方時，系統會自動變換車道、超車後再回到原本的車道。」日產汽車二〇一六年八月上市的小型房車「SERENA」就搭載了自動駕駛系統，可在高速公路的單線道上全權掌握駕駛權。同系統將於二〇一八年應用於多線道，於二〇二〇年推廣至市區道路上。

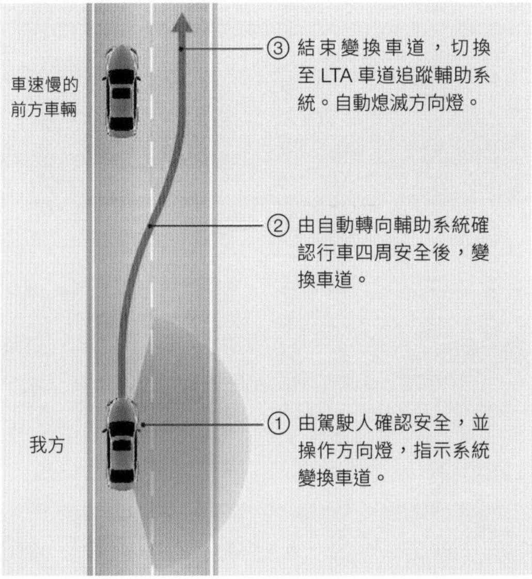

圖　自動轉向輔助系統

(圖片來源：豐田汽車媒體發表會，二〇一七年六月二十六日「公開搭載於 LEXUS 新型 LS 車款的安全技術」)

「速霸陸汽車」(Subaru)於二〇一七年七月推出小改款運動旅行車「LEVORG」，搭載自動駕駛功能，可在高速公路上從時速零至高速行駛（時速一百二十公里）的狀態下，由系統自動控制方向盤、油門及煞車。這款新車保有原來的駕駛輔助系統「EyeSight」，並新增「EyeSight Touring Assist」的新功能。也就是說沒有特別更新硬體，而是透過提升軟體，讓自動駕駛輔助功能再進化。

過去，在日本國土交通省技術方針的規定下，時速要達到六十公里以上，才能啟動車道維持輔助系統（LKAS）。但在技術方針的規定鬆綁後，從時速零至高速行駛，都已經能使用車道維持輔助系統了。

「速霸陸汽車」(Subaru)這次推出這種時速零至六十公里的低速行駛駕駛輔助系統，可因應塞車、與前車距離過短及壓到車道線的狀況。因此，即使辨識不到車道線，也能跟著前車行駛，並且輔助轉向。

該公司也擬定方針，將於二〇二〇年推出可因應多線道的車款。屆時即可像「戴姆勒」的「Mercedes-Benz E-Class」、「豐田」的「LEXUS LS」及「特斯拉」的「Model S」等車款一樣，當駕駛人啟動方向指示燈，系統便會切換車道。

搭載雷達和感測器，偵測行車四周環境和駕駛人狀態

為了達成自動轉向的目標，系統必須能偵測到車輛斜前方和斜後方的障礙物。搭載雷達後，變換車道時，可先偵測後方來車和其他車道上的前車。目前，中型車款上大部分都已搭載能偵測斜後方障礙物的感測器。未來，高級房車也將搭載能偵測斜前方的感測器。

除此之外，系統也必須能偵測駕駛人的狀態。在車輛切換至完全自動駕駛前，隨時都有可能發生必須將控制權還給駕駛人的狀況。

電子動力轉向系統（EPS）的製造廠「JTEKT」，已研發出能偵測駕駛人是否握著方向盤的系統。系統將控制權交回駕駛人的時候，會對沒有將手放在方向盤上的駕駛人發出警示，或停止轉移控制權並停車，以策安全。

「JTEKT」所開發的系統，運用了具備電子動力轉向系統（EPS）的角度感測器和扭力感測器。由於沒有新增感測器，所以能抑制成本。一般而言，採用自動駕駛系統很難避免成本增加，因此能降低成本這點相當重要。

◆自動停車・停車輔助系統

解決停車場不足等社會問題

自動停車、停車輔助系統，都是為了實現零事故車的必備功能。根據「豐田汽車」的調查，日本國內的汽車交通事故（包括車輛毀損事故），有三成都發生在車庫或停車場。停車時，若能由電腦系統輔助操控方向盤和煞車，可減輕駕駛人的停車壓力，提升方便性和安全性。

此外，發展停車自動化和遠端操控技術，也有助於解決停車場不足等社會問題。

停車時，除了必須操控方向盤、排檔、油門之外，也必須確認後方等四周環境，因此很容易發生人為疏失。

「停車是最令駕駛人頭痛的問題之一」，本田技術研究所四輪研發中心，統合控制開發室第二部門主任研究員照田八州志這麼說。

日本「博世」（Bosch）公司於二〇一五年在日本實施的調查也顯示「約有50%的人有停車壓力（負擔）」，該社底盤控制系統事業部，行銷&經營策略部門經理澤木麻里繪（Marie Sawaki）也這麼說。

大部分的停車輔助功能，是針對公共停車場的橫列停車和路邊的縱列停車，可分為「偵測與鄰車或相鄰物之距離」，和「辨識停車格白線」等兩種方式。部分系統則結合了這兩種方式。

停車輔助系統操控的方式，也依廠商而異。例如「本田」的「Odyssey」等車款，是由系統操控方向盤；而「戴姆勒」的「E-Class」等車款，則是控制方向盤、煞車、排檔及油門。

偵測距離空間時的停車方式，是使用超音波感測器；辨識停車格白線則是利用全向式攝影機和後視攝影機作為外部感測器。此功能除了偵測停車空間，也能偵測障礙物，在過於接近障礙物時會發出警示聲提醒駕駛，這些功能通常都是在車輛外部搭載超音波感測器。

也有部分車款是像「日產汽車」的「SERENA」一樣，是搭載偵測障礙物的超音波感測器來辨識停車格。

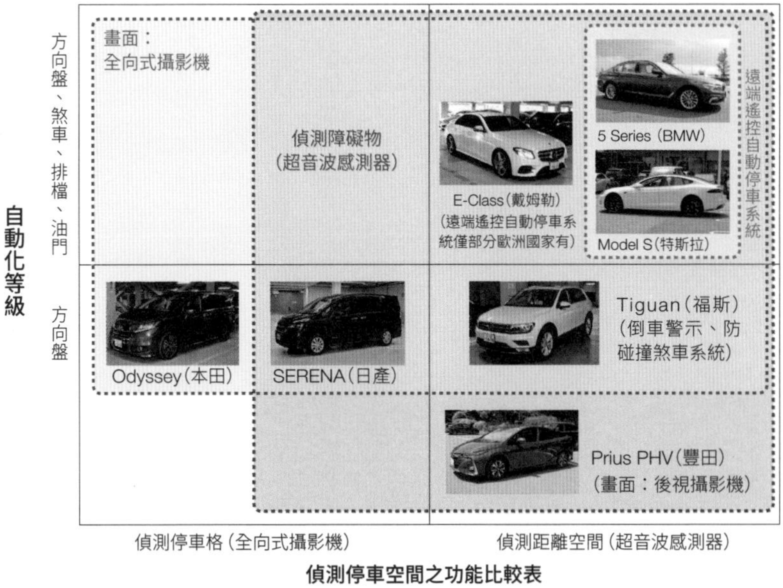

自動化等級
方向盤、煞車、排檔、油門
方向盤
畫面：
全向式攝影機
偵測障礙物
（超音波感測器）
E-Class（戴姆勒）
（遠端遙控自動停車系統僅部分歐洲國家有）
5 Series（BMW）
Model S（特斯拉）
遠端遙控自動停車系統
Odyssey（本田）
SERENA（日產）
Tiguan（福斯）
（倒車警示、防碰撞煞車系統）
Prius PHV（豐田）
（畫面：後視攝影機）
偵測停車格（全向式攝影機）
偵測距離空間（超音波感測器）

偵測停車空間之功能比較表

圖　目前主要的停車輔助功能分類

促進社會系統的革新

「(停車輔助功能和遠端遙控自動停車功能)是自動駕駛汽車市場的重要里程碑，這套系統也能有效解決都市裡停車位不足的問題」。

這句話出自德國「BMW」。自動停車、停車輔助系統不僅能讓駕駛人停車更方便和安全，也有助於形成新的經營模式，改革停車位不足的社會問題。

未來的停車輔助功能，將進化至車外遠端遙控和無人自動停車技術。如此一來，車輛就可以停在無法讓人下車的狹窄空間。對於停車位不足的都市而言，是非常有幫助的功能。

而且，當自動代客泊車技術(automated valet parking，AVP)趨於成熟，以往原本必須移動其他車才能動得了的車位，未來可讓車輛自動開入並停妥，有效活用停車空間。駕駛人也能節省停車的時間。

在這一方面的發展，隨著自動停車技術和停車輔助功能日漸進步，有一點也不能忽略，就是停車空位資訊共享的重要性。

根據德國「博世」(Bosch)的調查，「在德國實施的調查結果顯示，在行駛於路上的車輛中，有三分之一都是在找車位」(澤木麻里繪表示)。「如果能先知道哪個停車場有空位，就能更順利地停好車，減輕找停車位的壓力，也不必老在路上打轉，能防止塞車和降低二氧化碳的排放量」(同上)。目前「博世」和瑞典的「Volvo」都投入停車位資訊共享的研發中。

如上所述，自動停車與停車輔助等功能都有助解決停車場不足的社會問題，並能避免尋找車位導致的塞車，還可以降低二氧化碳排放量。可說是讓駕駛人貢獻己力，回饋社會的技術。

不過，遠端遙控、無人自動停車和停車輔助技術的難度目前而言還相當高。相較於目前發展中的停車輔助功能，還需要獲得駕駛人更多的信賴，且自動化程度也要升級。

因此，必須以當前的停車輔助功能為基礎，持續發展與精進。

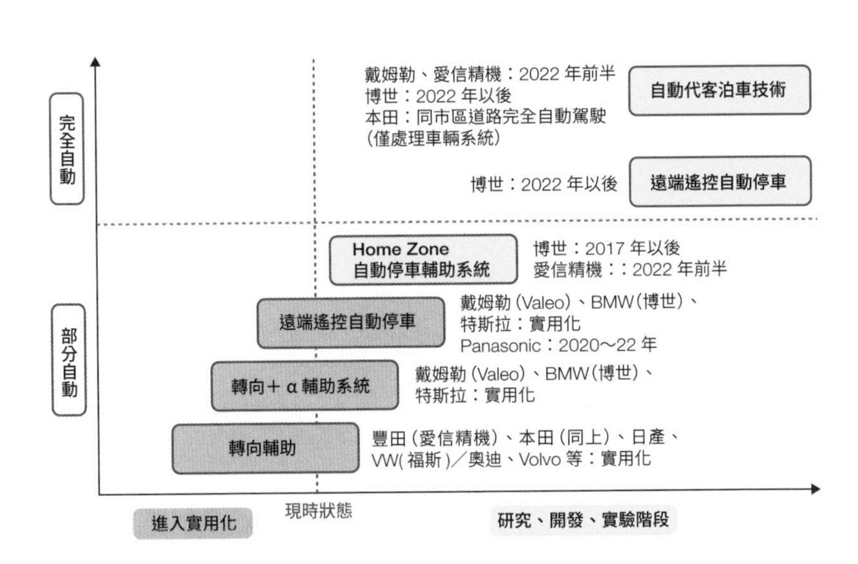

圖　自動停車 · 停車輔助功能的發展現狀對照表

Home Zone：指自家車庫或公司停車場等固定車位

VW(福斯汽車)：Volkswagen

◆將AI人工智慧導入汽車

研發汽車AI的競爭白熱化，影響半導體廠商版圖

「豐田汽車」於二〇一七年五月，與半導體公司「NVIDIA」合作研發AI自動駕駛技術。「這是正確的判斷」，某汽車分析師冷靜地說。

透過這項合作，豐田將採用適合深度學習的NVIDIA圖形處理器（GPU）技術，將可望在未來幾年內開發並量產自動駕駛系統。

豐田汽車過去都是以豐田（TOYOTA）集團旗下的「日本電綜」（DENSO）為中心，與「東芝」等企業組成日本聯盟，共同研發AI。但是，從宣布與「NVIDIA」合作開始，豐田將不再侷限於仰賴日本聯盟，而是組成國際聯盟，推動AI研發。

豐田的目的，其實是分散研發風險。因為自動駕駛AI進步神速，很難預測哪種技術會變成主流。目前全球的半導體主導權，大致由以「NVIDIA」為主的集團，和半導體龍頭美國「Intel」等集團在競爭。對豐田而言，如果僅仰賴日本國內企業的結盟，將在全球化的競爭下面臨被淘汰的危機。

豐田從多年前開始，就打算採取不依賴旗下「電綜」的採購策略。代表性的例子，就是豐田自二〇一五年起採用的自動煞車主動安全防護系統「Safety Sense」中，所使用的感測器。

該系統中可偵測前方車輛的「Safety Sense C」感測器，是由「德國馬牌」(Continental)供應；而具備行人偵測功能的「Safety Sense P」感測器，過去是由「電綜」獨家供應，最近則有「德國馬牌」等多家供應商。從豐田與「NVIDIA」的合作，可看出避免過度仰賴旗下公司的態度。

另外，豐田汽車除了與「NVIDIA」合作外，也欲與「NVIDIA」的競爭對手「Intel」形成合作關係。據相關人士表示，豐田宣布與「NVIDIA」攜手開發自動駕駛系統後，也曾主動致電給「Intel」並表示「未來並不一定全都使用『NVIDIA』的技術」。

也就是說，豐田汽車是同時將多家技術供應商納入選擇範圍，而非侷限於「NVIDIA」。當然，以「電綜」為中心的日本聯盟，未來的技術研發也相當令人期待。

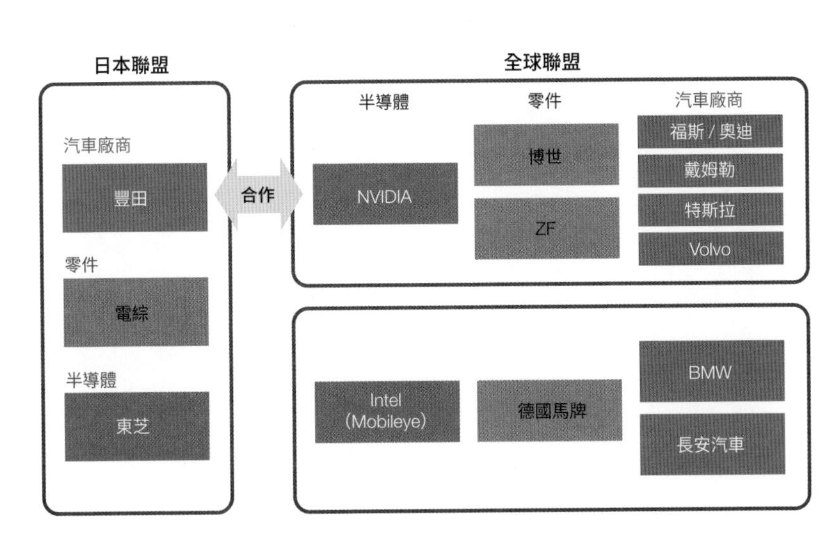

圖　在自動駕駛研發方面，豐田汽車與日本國內外企業的關係圖

陸續採用NVIDIA的產品

雖然有上述的考量，但從加速自動駕駛的研發層面來看，「NVIDIA」其實是強而有力的選擇，因為目前「NVIDIA」是唯一有能力供應實用化AI車載電腦的廠商。該公司發布的超級電腦「DRIVE PX2」（開放式人工智慧車用運算平台），目前已被用來研發L3至L4等級的自動駕駛系統。

除此之外，像是「奧迪」、「戴姆勒」、「特斯拉」、「Volvo」等廠商，也都已經採用該系列車載電腦。其中，「奧迪」使用「DRIVE PX2」研發出L3的自動駕駛車，並預計將於二〇二〇年以前實現L4等級的自動駕駛車。「戴姆勒」也預計於二〇一七年推出搭載「DRIVE PX2」的賓士（Mercedes-Benz）車款。

「NVIDIA」表示，利用「DRIVE PX2」研發自動駕駛專用AI的企業和研究機關，從二〇一六年十一月～二〇一七年一月為止，約有六十間；但在二〇一七年二月～四月卻增加到約一百七十間，在三個月內暴增三倍。

不過，「豐田汽車」這次決定採用「NVIDIA」旗下的新世代產品「DRIVE PX」。新世代版本的深度學習運算效能可達到30TOPS（每秒三十兆次），功耗卻只有三十瓦，是「DRIVE PX2」的八分之一。由於「DRIVE PX2」的功耗太高，所以豐田從未採用過。

「DRIVE PX」之所以能降低功耗，是因為搭載了「TensorCore」（張量核心），才能以高速與低功耗處理深度學習所需的矩陣計算。

此外，新世代版本「DRIVE PX」還搭載了邏輯迴路「深度學習加速器」（Deep Learning Accelerator，DLA）。相較於「TensorCore」是泛用型的計算器，「DLA」則是處理影像辨識等技術的專用迴路。

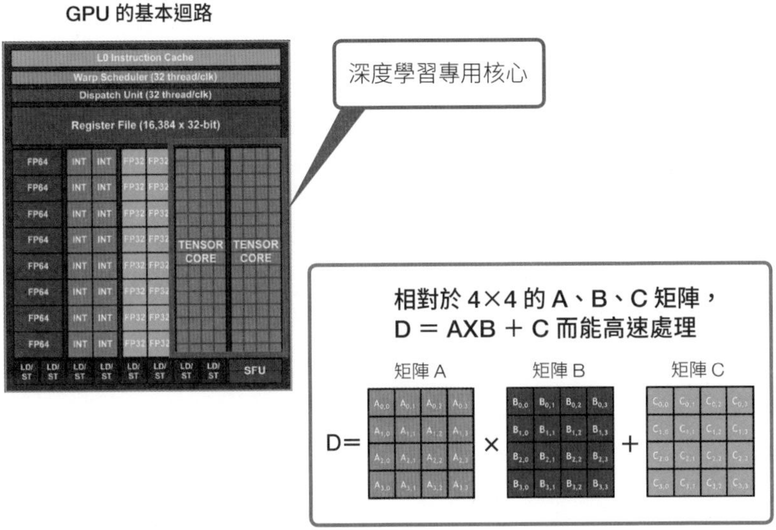

GPU 的基本迴路

L0 Instruction Cache
Warp Scheduler (32 thread/clk)
Dispatch Unit (32 thread/clk)
Register File (16,384 x 32-bit)
FP64　INT　INT　FP32　FP32　TENSOR CORE　TENSOR CORE
LD/ST　SFU

深度學習專用核心

相對於 4×4 的 A、B、C 矩陣，
D = AXB + C 而能高速處理

矩陣 A　矩陣 B　矩陣 C

$$D = \begin{bmatrix} A_{0,0} & A_{0,1} & A_{0,2} & A_{0,3} \\ A_{1,0} & A_{1,1} & A_{1,2} & A_{1,3} \\ A_{2,0} & A_{2,1} & A_{2,2} & A_{2,3} \\ A_{3,0} & A_{3,1} & A_{3,2} & A_{3,3} \end{bmatrix} \times \begin{bmatrix} B_{0,0} & B_{0,1} & B_{0,2} & B_{0,3} \\ B_{1,0} & B_{1,1} & B_{1,2} & B_{1,3} \\ B_{2,0} & B_{2,1} & B_{2,2} & B_{2,3} \\ B_{3,0} & B_{3,1} & B_{3,2} & B_{3,3} \end{bmatrix} + \begin{bmatrix} C_{0,0} & C_{0,1} & C_{0,2} & C_{0,3} \\ C_{1,0} & C_{1,1} & C_{1,2} & C_{1,3} \\ C_{2,0} & C_{2,1} & C_{2,2} & C_{2,3} \\ C_{3,0} & C_{3,1} & C_{3,2} & C_{3,3} \end{bmatrix}$$

圖　深度學習專用計算器的構造

建立開放的研發環境

「NVIDIA」能受到各汽車廠商青睞的原因還有其他，並不只因為他們很早就開始供應實用化的車載CPU。

首先，該公司的開放態度也是相當重要的因素。例如，「NVIDIA」於二〇一七年五月開放DLA（深度學習加速器）的迴路資訊，二〇一七年七月起提供給優先用戶，九月起則開放給一般用戶使用。

除了DLA的迴路資訊，「NVIDIA」也免費提供平行程式研發環境「CUDA」，和各種有助研發自動駕駛技術的軟體。汽車廠商也可以選擇不用，而使用自行研發的演算法。

這麼一來，就能及早利用汽車以外的領域所開發的演算法。用GPU研發AI的技術人員在五年來增加了十一倍，二〇一七年總計約五十一萬人。也有調查顯示，有九成的AI研發人員，都是使用GPU。

「NVIDIA」的開放態度和其競爭對手恰好相反。「Intel」於二〇一七年三月，宣布投資一百五十三億美元（約一兆六千八百億日圓），收購致力於汽車電腦視覺領域的以色列公司「Mobileye」。「Mobileye」的影像辨識晶片是一個黑箱，無法透露其內部構造。有不少汽車廠商並不喜歡直接原封不動地使用該黑箱的迴路。

利用ＧＰＵ執行學習和推論

「NVIDIA」的另一個特色是，能縮短ＡＩ的開發週期。這是因為它在深度學習的「學習」和「推論(inference)」上，是使用相同的ＧＰＵ架構。

該公司有為學習所用的資料中心伺服器和執行推論的車輛，提供了ＧＰＵ技術。因此，伺服器所習得的最新演算，可以直接啟動ＡＩ車載電腦。此外，車輛行駛間如果發現需要修正演算，也能直接回饋學習。

不只推論方面的ＧＰＵ，「NVIDIA」也致力於發展學習方面的伺服器ＧＰＵ。二〇一七年五月舉辦的研發人員會議，已發表該公司最新的伺服器ＧＰＵ。其中蒐集了兩百一十億個電晶體，使深度學習的效能比過去的ＧＰＵ高出約十二倍。伺服器用的最新ＧＰＵ，採用台積電的十二奈米世代的半導體技術，是現階段微影技術所能製造的最大晶片面積。可說是全球最大規模的半導體晶片。

「Intel」在伺服器ＣＰＵ上的市佔率超過九成。而「NVIDIA」除了在自動駕駛領域創下佳績之外，也企圖在伺服器市場搶攻「Intel」的市佔率。

◆三維光達（3D LiDAR）

夜間也能偵測到障礙物

「三維光達」(3D LiDAR）是令人期待的自動駕駛用感測器。各公司研發的新型 LiDAR 採用3D感測技術，解析度可媲美相機。過去的 LiDAR 皆為自動煞車專用，只能進行2D平面感測、偵測有無障礙物，功能比較陽春。

法國「法雷歐」(Valeo）於二〇一七年在自動駕駛技術上搭載了「SCALA」LiDAR，預計於二〇二二年進行第二階段的研發。

「奧迪」於二〇一七年在德國上市的豪華轎車「A8」車系，不但配有L3自動駕駛功能，同時也搭載了第一代「SCALA」。其感應距離最長達兩百公尺，成本卻不到十萬日圓，可辨識出行人和車輛等障礙物，感測角度可達水平一百四十五度、垂直三．二度。並採用將雷射光束反射在轉動鏡面的構造，以加大感測角度。

將於二〇一九年進入實用化階段的第二代「SCALA」，垂直感測角度擴大至三倍。「除了能更準確地偵測行人之外，也更容易以3D數據偵測前方障礙物」(Valeo Japan)。

於二〇二二年引入市場的第三代，預期可減去增加雷射光束反射範圍的可動部位，而更進一步降低成本。其感測距離和角度等性能，則維持與第二代相同。

另一方面，「豐田汽車」和豐田中央研究所共同研發了「SPAD LIDAR」。影像測距擷取到的像素大小為長九十六、寬二百二十像素，假設物體的反射率為10％，則可偵測到前方七十公尺的物體。預期將結合攝影機和毫米波雷達，應用於自動駕駛技術來偵測前方行人等障礙物。

由於毫米波雷達的偵測距離遠，但光學解析度差；而攝影機雖然解析度高，但距離受限，因此這項技術可望彌補這兩者的不足。豐田與感測器廠商正在研討如何朝向商品化，不過上市時間暫未確定。

「SPAD LIDAR」可以波長九百五十毫米的近紅外線掃瞄前方，從其反射光擷取長九十六、寬二百二十像素的影像。

圖　Valeo 所研發的高精密 3D 雷射雷達（LIDAR）

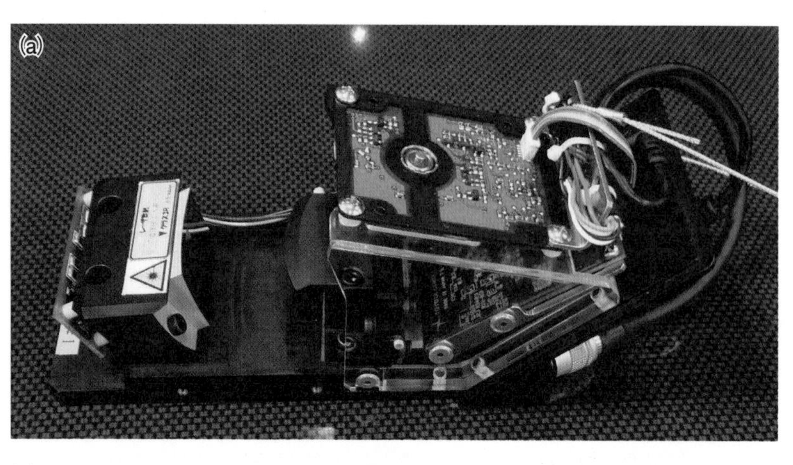

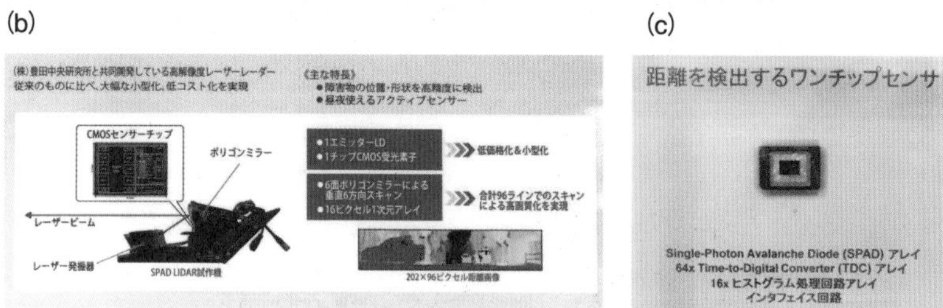

圖 豐田汽車和豐田中央研究所共同研發的 3D 感測器「SPAD LIDAR」

雖然為了精準偵測行人等物體，必須將影像的像素提高，但同時也縮小光學處理的元件並降低成本。

由於體積小型化，因此只在縱向使用十六像素的高感度光子檢測元件。將高感度的單光子雪崩二極體「SPAD」(single-photon avalanche diode）與避免外來光源干擾的訊息處理迴路，集合在同一個晶片中，抑制成本。偵測時，橫向可掃描二百二十像素，縱向可掃描六次十六像素，擷取再長九十六像素，寬二百二十像素的影像。

光源雷射二極體（Laser Diode）也只有一個，可將雷射光照射在十六像素上。這種方式比使用多個雷射二極體，體積小成本又低。豐田中央研究所也正在研發其他種類的3D LIDAR，希望再往小型化和低成本方向發展。

電子支付改變金錢的價值
現金大國日本的未來

原隆
《日經 FinTech》雜誌 總編輯

由於日本政府體認到日本的非現金支付方式（包括信用卡與電子支付等）發展落後，因此在「未來投資戰略二〇一七」中，宣布將力拚於二〇二七年六月前要讓非現金支付的比例倍增，希望提升至四成左右。

日本經濟產業省在二〇一七年五月八日公布的「FinTech 展望」中，比較日本和其他國家的非現金支付比例，發現美國為41％、韓國為54％、中國為55％，日本卻只有18％，顯示出日本人根深蒂固的現金主義（堅持用現金付款的習慣）。

非現金的支付方式在日本推廣速度很慢，其中一個原因，就是日本人普遍認為現金具有功能以外的價值。例如遇到婚喪喜慶時，喜事就包新鈔、喪事的奠儀就用舊鈔，這些習慣至今仍保留著。

日本很難推動非現金支付的另一個原因，是成本較高。雖然「錢包手機」APP這類的支付工具在日本也相當普及，只要手機有內建「FeliCa」晶片或支援行動支付的SIM卡就可以使用，不過相對地，店家也必須導入可支援該支付方式的終端裝置。

由於日本的電子貨幣市場混亂，支援其他支付方式可能會讓商家的成本增加，除了信用卡的手續費高之外，添購終端裝置的費用也是負擔。

全球熱議的金錢發展趨勢

一直以來人們理所當然地使用現金支付，然而現在金錢的發展已經引發全球熱議，從各角度質疑現金的功能。

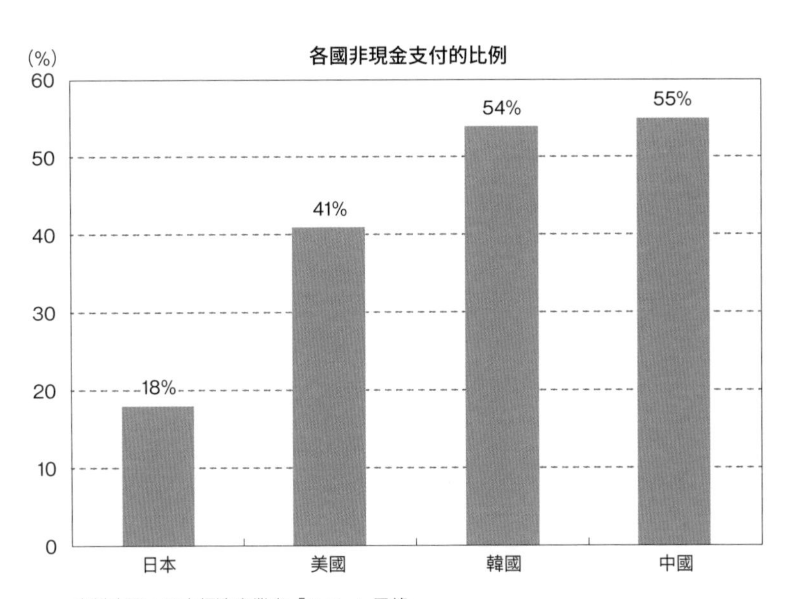

資料來源：日本經濟產業省「FinTech 展望」

圖　日本非現金支付的比例遠低於其他國家

二〇一六年十一月八日，印度總理莫迪（Narendra Damodardas Modi）在電視演說中表示「四小時後，將立即廢止國內千元（約台幣四百四十七元）及五百元盧比（約台幣二百二十三元）的紙鈔」，此舉震撼了全印度。

過去在印度流通的貨幣，包括千元盧比、五百盧比、一百盧比、五十盧比、二十盧比、十盧比及五盧比等紙鈔，和十盧比以下的各種硬幣。其中的千元盧比和五百盧比分別為面額最高、次高的紙鈔，占市場上鈔票流通率的86%。如果用日幣來比喻，這個命令就像是說「不能再使用一萬元紙鈔和五千元紙鈔」。

而且，莫迪總理還宣布，如果沒有在十一月十日至十二月三十日這段期間，將尚未兌換的舊鈔票存入銀行或郵局戶頭的話，一律都會「變成一文不值的廢紙」。

印度祭出強硬的政策，目的是打擊猖獗的逃漏稅等地下經濟活動。印度的地下經濟活動占國內生產毛額（GDP）約一半，而匿名性最高的現金，就是逃漏稅的常用手法。而且，停用紙鈔也有助於掃蕩毒品交易。印度政府廢除紙鈔後，正在加速推廣電子支付。

稍早於莫迪總理的演說，二〇一六年十月十四日，西北大學凱洛格管理學院的菲利普·科特勒（Philip Kotler）教授，已在訪問中表示「應該廢止百元美鈔等高面額紙鈔」。其原因就是為了阻止黑手黨的黑錢流通。

另一方面，哥倫比亞大學政策研究學院特聘教授伊藤隆敏，在二〇一六年九月二十八日舉辦的「Rakuten FinTech Conference 2016」上發表專題演說，他認為小額貨幣交易麻煩，會增加社會成本，基於這些理由，表示「應該廢止一日圓和五日圓等小額貨幣」。

目前世界各國政府都已提出多種政策和提議，無非都是希望能推動無現金化社會，掃蕩黑錢，提高社會和經濟效率。遏止地下經濟，即可增加稅收。

重新檢討金錢制度，不僅會影響單一國家，隨著數位科技的發展，也將跨越國境、影響其他國家的經濟。

◆QR Code掃碼支付

源自中國的新支付浪潮

也有國家是以獨特的方式推動非現金支付，那就是中國。

中國的餐廳和小型商店等，幾乎在所有地方，都能使用QR Code掃碼支付。連朋友之間的匯款等日常交易，也都能透過QR碼支付。QR碼原本是由日本「Denso Wave」公司發明的，如今似乎在中國發揚光大、成為新的支付方法了。

「支付寶」（Alipay）和「微信支付」（WeChat Pay）是中國兩大電子支付平台。「支付寶」是阿里巴巴集團旗下網路購物平台「淘寶網」的付款方式；「微信支付」則是通訊軟體「WeChat」的付款方式。雖然兩大勢力發展不盡相同，但皆是新型態的電子支付服務。

這些電子支付方式，目前也逐漸打入日本。日本有越來越多大型連鎖店為了促進消費，提供造訪日本的中國觀光客與中國相同的支付方式。

二〇一七年一月，日本連鎖便利商店「Lawson」旗下將近一萬三千家分店，全部支援「支付寶」。「微信支付」也在二〇一七年六月進駐日本量販店「唐吉訶德」（Don Quixote）旗下三十七家主要賣場。

支付寶在中國的註冊人數超過4.5億人，並且可在中國境內兩百多家以上的店通行。中國觀光客樂得直接在Lawson使用支付寶，這樣即使在日本也不必改變結帳習慣。

使用這些電子支付方式付款時，流程如下：消費者點選手機上的APP、在手機螢幕上顯示QR碼後，讓店家用平板裝置掃描一下自己手機上的QR碼，即可完成交易。或者，也可以由店家顯示QR碼，再讓消費者用自己的手機掃描付款，不用再從錢包拿出信用卡或其他電子貨幣用的IC卡了。

雖然日本也有針對一般小額支付設計的電子貨幣，但有不少廠商看準日本人的需求，也投入研發類似支付寶和微信支付這種以手機掃描QR碼即可完成支付的新型態服務。

日本樂天在二〇一六年十月，推出用QR碼支付的「樂天pay」。一開始以引入中小型店鋪為主，二〇一七年八月起也在「Lawson」超商全面開放使用。而通訊軟體「LINE」也推出「LINE Pay」電子支付平台。除了Lawson，在眼鏡專賣店「Meganesuper」、連鎖居酒屋「花之舞」等皆可用「LINE Pay」付款。

原本提供無線支付技術「Beacon」的「Origami」公司，也推出了QR碼支付。二〇一七年二月，在「Origami Pay」APP中，新增了QR碼支付功能。預計於二〇一九年底以前，會將使用範圍擴展到二十萬家店。

二〇一七年六月，開發個人轉帳APP「Paymo」的「AnyPay」公司，也發表了商家可使用的QR碼支付平台「Paymo QR支付」。

圖　日本樂天推出的「樂天 Pay」，也有提供用 QR 碼支付的功能

最近，連日本知名電信公司「NTT DOCOMO」也計畫推出用QR碼支付的服務。採取QR碼支付的好處是，商家不用另外裝設磁卡感應裝置等設備，只要有手機和平板就能充當結帳機，因此導入店家的費用低於信用卡等支付方式。只要支援POS（端點銷售系統）的結帳作業，就能同時導入各家企業的QR碼支付服務。

只要越來越多商家願意導入QR碼支付服務，就能讓更多消費者感受到這種不必帶錢包的吸引力，獲得更多人支持並加速普及化。繼信用卡和電子貨幣之後，QR碼支付或許也能扎根日本市場，引發日本的「第三波電子支付浪潮」。

◆比特幣

中國對比特幣的前景影響重大

「比特幣」（bitcoin）是一種去中心化（即不需透過金融單位發行、不受任何單一實體控制）的虛擬貨幣，現在有越來越多實體店鋪也接受用比特幣付款。例如日本大型家電量販店「Big Camera」就於二〇一七年四月引進比特幣付款功能，七月導入全國店鋪。八月，日本丸井集團也在「新宿丸井 ANNEX」百貨以期間限定的方式試辦比特幣支付功能。消費者只要打開比特幣交易APP、顯示QR碼，即可完成結帳。

在二〇一〇年五月，有位程式設計師用比特幣買披薩，那是歷史上第一筆用比特幣購買實物的交易；而在七年後又有了新的變化：二〇一七年八月，出現了「比特幣現金」(Bitcoin Cash)，讓比特幣面臨新的試煉。

這個局面的導火線，是因為比特幣人氣越來越旺，導致交易量暴增，而拖慢交易速度。負責研發比特幣交易軟體的「比特幣核心開發者」，和負責驗證比特幣交易的「礦工」們，就為了如何解決爭執不休。

比特幣的「礦工」只要用電腦解決難題、完成交易驗證後，即可獲得比特幣。礦工數量以中國居冠，中國的企業和個人占了六成以上的礦工人數，可見中國影響力之大。

在比特幣的交易過程中，每十分鐘會產生一個1MB的區塊，需要進行交易驗證。不過，1MB的區塊大小無法容納不斷增加的交易。因此，核心開發者提議使用「隔離見證」來容納更多的交易。但是，對於透過驗證交易取得比特幣和手續費的礦工而言，這項提議其實是相當不利的，因此有很多礦工反對。有部分礦工提出增加區塊容量的解決方案。

但是核心開發者不顧反對，決定於二〇一七年八月一日實施「隔離見證」，加深兩陣營的對立。二〇一七年六月，主要礦工召開圓桌會議，表示願意妥協，採納核心開發者的提議，並階段性的將區塊大小增加到2MB。問題就此告一段落。

然而，同年六月，極力阻止核心開發者實施隔離見證的中國大型挖礦企業「比特大陸」(Bitmain)，宣布另一項提議。七月，另一家中國大型比特幣礦池業者「微比特」(ViaBTC)，表示將推出比特幣現金。這麼一來，又使得比特幣前景不明。

雙方的競爭，讓以保護資產為優先的比特幣用戶憂心忡忡，不確定所實施的方案，會對自己的資產價值造成什麼影響。大量資訊錯綜複雜，也導致比特幣價格大幅波動。

最後雖然在八月一日確定實施核心開發者的方案，已無法避免分裂的趨勢。首先是爭議還沒結束，核心開發者並不願意將區塊容量從 1MB 增加至 2MB。二〇一七年秋天，核心開發者和礦工持續內戰。當然，比特幣用戶和交易所也不免受到影響。前景不明朗，導致比特幣和比特幣現金價格劇烈震盪。八月一日升至兩千八百美元，持續攀升後於八月十三日飆破四千美元。

另一方面，在比特幣現金誕生後兩天，一度衝上七百美元的高匯率卻急跌。價格曾短暫維持三百美元，但八月十九日又站回七百美元。

除了價格波動，比特幣又面臨了其他問題。中國於二〇一七年十月底關閉三大虛擬貨幣交易平台「比特幣中國」(BTC China)、「幣行」(Ok-Coin)及「火幣網」。這顯示中國金融當局有意防範洗錢和資金流向海外。儘管日本可使用比特幣交易的商家越來越多，但分裂爭議和價格震盪是否會影響未來的使用者人數，有待觀望。

◆區塊鏈

邁入實用化階段

雖然比特幣引起不少質疑，但比特幣的基礎「區塊鏈」技術仍持續往實用化的方向邁進（編註：區塊鏈是一種加密技術，而比特幣是應用區塊鏈技術加密的虛擬貨幣）。從事國際匯款業務的「SBI Remit」公司，於二〇一七年六月與泰國大型銀行「暹羅商業銀行」(Siam Commercial Bank)，聯合推出以「瑞波」(Ripple)區塊鏈為基礎的匯款服務，可在日本和泰國間進行即時匯款。

二〇一七年七月，日本的「瑞穗金融集團」、「瑞穗銀行」、「丸紅」、「損害保險JAPAN日本興亞」等公司，宣布將透過區塊鏈，讓日本與澳洲進行貿易交易。如果是傳統的貿易交易，通常會牽涉到多方人士，且必須開立「信用狀」等，程序非常複雜。但貿易文件的電子化發展緩慢，大多仍需透過書面貿易文件。如果相關人士能透過區塊鏈共享資訊，就能節省文件往來時間，提升效率。二〇一七年八月，日本IT服務供應商「NTT DATA」與日本國內的金融機構和物流公司，展開區塊鏈的結盟合作。

保險業也在探索區塊鏈的應用。包括「東京海上產物保險」、「損害保險JAPAN日本興亞」等全球十五間保險公司參與的區塊鏈聯盟「Blockchain Insurance Industry Initiative」（B3i），第一個目標就是再保險（reinsurance）業務。傳統的保險業，其實與國際貿易的狀況類似，都是需要許多合約文件、缺乏系統整合的產業。

「B3i」於二〇一七年九月，發表了手機契約管理的原型系統。目的是在符合再保險條件時，讓保險公司和再保險公司之間的保費能自動繳收。一旦達到這個目標，即可大幅提升業務效率。

然而，舊有的系統是導入區塊鏈技術時，會面臨的難題之一。例如，就算將區塊鏈應用在銀行核心系統的帳本管理上，也必須更新連結帳本的周邊系統。

貿易金融和再保險等目前尚未進行系統整合的產業，似乎打算優先應用區塊鏈技術。可廣泛應用於企業間交易的區塊鏈軟體，也邁入實用化階段。美國IBM於二〇一七年七月推出正式版的「Hyperledger Fabric」。另一方面，召集銀行組成區塊鏈技術聯盟「R3」的金融新創公司「R3 CEV」，也於二〇一七年秋天發布正式版的新分散式分類帳平臺「Corda」，預計於三～六個月內提供給企業使用。

「Fabric」和「Corda」的特色，是具備企業級用戶所需要的高性能和機密性。由於比特幣的區塊鏈性能受限，且可能會被其他使用者看到交易狀態，所以較難為企業所使用。能夠克服此問題的軟體，將可促使企業開始運用區塊鏈技術。

◆Open API系統

銀行透過開放API，維持向心力

如前所述，全球金融系統不斷發展與進步。日本的情況又是如何？

二〇一七年五月二十六日，日本連續兩年通過銀行法修正案。這次的修正法案中有明文規定，銀行和信用金庫等機構，有義務致力於「開放應用程式介面」(Open API)。日本政府在之前公布的「未來投資戰略二〇一七年」中，也有明確揭示目標，希望將導入「Open API」的銀行數目增加到八十家。

「API」是指銜接不同應用程式系統的協定。當銀行開放API之後，如果企業的系統符合協定，就可以連結到銀行的系統。例如，假如有金融科技類的創投公司研發了記帳APP，該APP又可以將公司服務連結到銀行系統，那麼這個記帳APP的所有使用者就能調動該銀行戶頭裡的資金，或是查詢戶頭資訊。

日本金融廳除了期待Open API之外，也針對金融科技公司等想要連結銀行系統的企業，建立登錄制度。促進銀行與金融科技公司的合作，以提升金融服務的便利性。日本金融廳期望透過銀行法修正案，實施Open API義務化和引入登錄制度，打造創新金融服務。

各銀行在銀行法修正案公布後幾個月內，皆發布Open API方針，表示二年內將支援

API技術。銀行應事先公布服務作業規範，才能提供Open API服務；登錄於銀行法修正案「電子結帳等代理業者」中的企業主，申請服務後，銀行就必須讓他們連結銀行系統。

其實，早在修正法案通過前，就有日本銀行開放API了。

日本專營網路銀行的「住信SBI網路銀行」公司，早在二〇一六年三月就開始提供API給第三方業者串接；日本三大銀行（「三菱東京日聯銀行」、「瑞穗」及「三井住友」）也在二〇一六年後半至二〇一七年前半開放API。不過，到目前為止，日本仍然僅有十家左右的銀行願意公開API。

銀行開放API已經是世界潮流。

美國「花旗集團」於二〇一六年十一月，針對八項業務推出開放API服務，讓新創公司等外部企業和研發人員可以利用。

另一方面，積極投入金融科技發展的西班牙「BBVA」銀行，也於二〇一七年五月，開始提供各種銀行API。

各國政府也積極推動API的運作。

二〇一六年一月生效的歐盟（EU）第二號支付服務指令（The second Payment Services Directive，PSD2），規定銀行有公開API的義務。將銀行API第三方支付服務提供人分為「付款命令傳達服務提供者」（PISP）和「戶頭資訊服務提供者」（AISP）。

「PISP」採認證制，「AISP」為登錄制。加盟國於二年內，也就是二〇一八年一月以前，應訂定並實施規範「PSD2」的國內法規。

日本多家銀行開放API的時間同於歐盟。

如何建立能夠提升收益的商業模式，是共同的課題。銀行公開API，必須投入相應的IT投資。

然而，如果向服務提供者收費，他們可能就會放棄使用。日本銀行法修正相關法規，為銀行開放API開啟一道曙光。也令人期待未來金融機關和 FinTech 企業，會進一步創新商業模式。

利用生物體生產物質

邁入「生物經濟」時代

橋本宗明
《日經生物技術產業》雜誌 總編輯

二〇一八年，是日本生物性生產技術（利用生物生產物質的技術）發展迅速的一年。例如使用回收木材、海藻等有機資源研發新物質的「生物質」（biomass）領域，已研發出硬度高出鋼鐵五倍的新材質，此材質未來可應用於製造汽車車體、建築材料、食品、化妝品等產業中，令人期待其普及化。

除此之外，包括製造基改蛋白質、化學產品的「生物科技」領域，也運用最新的「基因編輯」（genome editing）技術，製造出前所未有的化學產品。

過度使用化石燃料（煤炭、石油與天然氣等）所引發的環境污染，是目前我們仍須面對的問題，未來透過生物質和生物科技，將可能獲得解決，振興產業並促進經濟成長。這就是全球各國積極推廣的「生物經濟」。

◆纖維素奈米纖維

比鋼鐵強韌五倍，重量為鋼鐵的五分之一，讓車身更輕盈

在生物性生產業界，未來最值得期待的就是「纖維素奈米纖維」(Cellulose Nano - Fiber)。纖維素奈米纖維是一種生物性的材料，將木材的纖維細化到小於一微米的數百萬分之一的奈米等級。重量只有鋼鐵的五分之一，強韌度卻是鋼鐵的五倍，耐熱性媲美石英玻璃，且不易變形。如果能以樹木為原料，低成本地量產這種纖維素奈米纖維，就可能取代碳素纖維和玻璃纖維，添加於塑膠中，應用於汽車零件、車體、建築材料等產業。

除此之外，也可以將這種纖維添加於塑膠中使用，這種做法雖然無法完全排除使用化石能源，但隨著汽車和運送機器變得輕量化，在運作機器時也能減少石油能源的用量。

來自東京大學研究所農學生命科學研究科，專攻生物材料科學的磯貝明教授、齊藤繼之副教授等人，研發出的「TEMPO催化氧化法」，擴大了纖維素奈米纖維的應用範圍。

將木材纖維質細化時，先以「TEMPO」催化劑處理再放入水中，會讓粗度僅三或四奈米的纖維素奈米纖維表面帶有負電，每一根纖維相斥並分開。這樣一來，效率比物理式處理更好，纖維粗細一致且容易呈透明狀。乾燥後的纖維將會形成透明的薄膜，可應用於製造太陽能電池、顯示器等的透明基板。

此外，經「TEMPO氧化法」的纖維素奈米纖維，表面可以與各種金屬產生化合，具有除臭、抗菌的特性。二〇一五年，「日本製紙Crecia公司」就已經運用這種纖維的抗菌和除臭功能，製造成人尿布。

「日本製紙Crecia公司」於二〇一七年四月，在日本宮城縣石卷市的石卷工廠內，設置了採用TEMPO氧化技術的纖維素奈米纖維量產設備。年產量達五百噸，居全球之冠。同年六月，該公司也在靜岡縣富士市的富士工廠內，增設可將纖維素奈米纖維添加於塑膠中的生產設備；同年九月則在島根縣江津市的江津工廠內設置食品、化妝品專用纖維素奈米纖維添加物的量產設備。

由於纖維素奈米纖維在量產後可運用於製造紙漿的技術和基礎設施，因此不僅日本製紙，包括王子製紙集團旗下的「王子製紙」、「中越紙漿工業」、「大王製紙」等公司，都已投入製造纖維素奈米纖維。

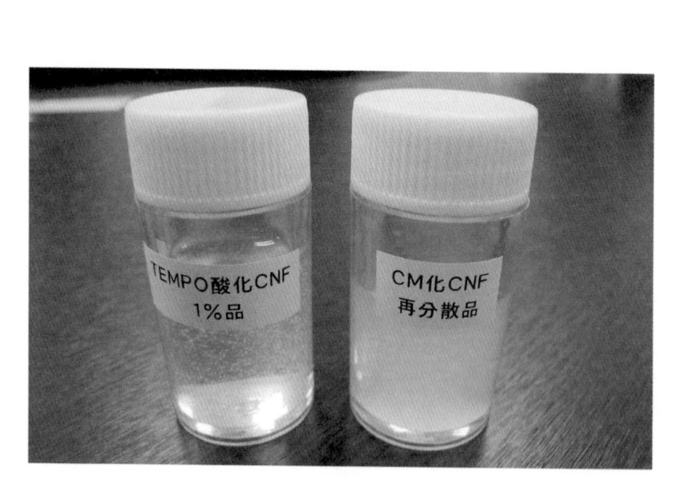

圖　以TEMPO催化劑氧化，變成透明膠體的纖維素奈米纖維（左）

另一方面，各家製紙公司已經與超過百間的各領域企業展開共同研究。日本政府也在成長策略中揭示「二〇三〇年要創造每年一兆日圓市場價值」的目標，推動產業應用。

目前世界上各森林大國，如瑞典、芬蘭、加拿大、美國等，無不致力於纖維素奈米纖維的產業應用。森林覆蓋率達七成的日本，也算是全球知名的森林王國，如何運用地理環境優勢創造新興產業，非常值得期待。

◆藻類航空燃油

以單位面積生產量高的藻類，製造生質燃料

日本過去就已經開始製造生質燃料，希望利用生物資源降低化石能源的用量。而最新的技術之一，就是用藻類製造航空燃油（Jet fuel）。

藻類受到矚目的原因，是單位面積生產量高於其他植物，而且藻類會行光合作用繁殖，在生長過程中，可產生出可供製造航空燃油的碳氫化合物。此外，種植藻類不需要耕地，所以不會和其他農作物競爭耕地。

使用生物質製造航空燃油，具有重大的意義。隨著全球化的發展，對飛機的需求增加，但動力的研究發展卻比汽車和船舶緩慢，預期最後還是必須仰賴燃料和引擎（內燃機）。

藻類航空燃油被定位為第二代生質燃料。第一代的生質燃料，是以玉米和甘蔗等農作物作為原料，美國和巴西等國皆積極投入製造生物乙醇（Bioethanol）。但是，進入二〇〇〇年中期以後，生質燃料需求增加，導致食材、飼料用的穀物價格高漲。因此產生了以廢材、稻稈等非食用性生物質為原料的第二代生質燃料，而藻類更是其中相當有用的原料。

藻類航空燃油的研發熱潮

日本的研究開發法人「新能源・產業技術綜合開發機構」，支援多個研究團隊研發微藻生質燃料。例如「ＩＨＩ」（石川島播磨重工業）集團、「J-POWER」（電源開發）集團、「電綜」集團及「ＤＩＣ」集團，正在投入生產叢粒藻、珪藻、偽膠球藻（Pseudococcomyxa）、衣藻等藻類航空燃油。

其中的「ＩＨＩ」集團，在日本鹿兒島市設置了面積達一千五百萬平方公尺的戶外大型養殖設備，成功且穩定地培養繁殖速度快的叢粒藻。自二〇一七年起，新設置一萬平方公尺的養殖設備研發技術，以達成穩定養殖和降低成本的目標。

日本資源能源廳也有補助多個微藻生質燃料的試行計畫。其中之一就是福島藻類計畫，以筑波大學為中心進行產學合作，建立藻類產業創成聯盟，並利用南相馬市當地的藻類，生產航空燃油。

另一個跟藻類有關的計畫，是以綠眼藻(Euglena)健康食品聞名的計畫，在日本三重縣多氣町建設微藻培養池，二〇一八年總面積將超過三千平方公尺。

除此之外，該公司預計於二〇二〇年投資五十八億日圓建造試行計畫工廠，以藻油生產可用的生質燃料，推動日本國產生質柴油邁入實用化。預定於二〇一九年前半啟動該工廠。

雖然日本盛行研發藻類航空燃油，不過研究時間更早的美國，卻因為原油價格下滑，導致計畫資金周轉不靈。

圖　IHI 在鹿兒島市設置面積達 1500 平方公尺的藻類培養池

例如，獲得美國能源部（DOE）補助研發藻類生質燃料的業界龍頭「Solazyme」公司，已於二〇一六年三月改名為「TerraVia」，將主力事業從生產藻類航空燃油，改為附加價值更高的食品和營養產品上。

藻類的單位面積生產量高，確實很適合生產蛋白質、脂質等物質。目前在原油價格停在一桶五十美元左右的情況下，很多人開始懷疑生產藻類航空燃油是否仍符合經濟效益。

◆人造蜘蛛絲

基因改造微生物而製造的蛋白質絲

在眾多生物性生產技術中，最受矚目的生物科技，就是以人工蜘蛛絲製造纖維、服飾及工業製品的技術。

這種人造蜘蛛絲的成分是蛋白質，強度高於鋼鐵、彈性優於尼龍，可耐熱超過三百度。此技術是透過將合成蜘蛛絲的基因，轉殖到微生物的基因體，讓微生物可以生產蜘蛛絲的原料，製造出具備新物理性質的纖維。嘗試此項創新的，是由關山和秀執行董事率領的「SPiber」公司。這是由慶應大學發起的創投事業，據點設於日本山形縣鶴岡市。

「SPiber」公司創立於二〇〇七年，於二〇一四年與零件廠商「小島工業」（小島プレス工業）合併後，組成「XPiber」公司，目的是研發人工蜘蛛絲纖維的量產技術。到了二〇一五年，已啟動年產量二十噸的設備。小島工業同時也是與豐田汽車有合作關係的企業。

該公司針對服飾市場研發的蜘蛛絲纖維，於二〇一五年九月與戶外用品廠商「GOLDWIN」合作，利用「QMONOS」纖維研發出戶外機能外套「MOON PARKA」，目前已準備上市。除此之外，也正在研發汽車零件用的材料。

降低成本是技術普及的關鍵因素

從以前就有將植入標的基因的生物，當作蛋白質製造裝置的作法。自一九七〇年代出現基因改造技術後，雖然已經有辦法量產蛋白質，不過依舊有製造成本過高的問題。

實際上，「SPiber」藉由基因改造，緩解了蛋白質製造成本的問題，經過各層面的檢討、展開正式研究以來，生產力已經提升了四千五百倍，製造成本則降到五萬三千分之一。

不過，如果要以蛋白質人工蜘蛛絲取代化學纖維，除了成本必須再降低，也要改良組成蜘蛛絲的蛋白質，製造出用途更廣的纖維才行。

◆分子農業

活用養蠶業製造醫療器材

目前世界各國都已經開始研究「分子農業」，也就是利用農林畜產業的基礎設施，以更低的成本製造基改蛋白質。

日本農林水產省於二〇一七年推動的「創新養蠶業，帶動新興產業計畫」，就是分子農業的研究之一。

如計畫名稱所示，他們將對蠶進行基因改造，讓生產出來的蠶絲中能含有標的蛋白質。計畫的目標之一是製造出藥物的原料，由農水省支援研發，以期提升生產效率等。

日本從前曾經有超過二百萬戶的蠶農，全國各地都有養蠶業，不過現在只剩下五百戶。蠶是一種已經家畜化的昆蟲，長期下來經過引種改良，已變得容易養殖，也提升了絹絲的生產力。將標的蛋白質的基因轉殖蠶的基因體，即可用養蠶業固有的方式來量產蛋白質。

以往的技術，是使用微生物和動物細胞製造出蛋白質，必須經過細胞分裂精製的程序，但如果蠶絲中就能含有標的蛋白質，則後續分離精製的過程就變得相對容易。

早在日本農水省展開研究計畫前，就已經有其他的組織曾經利用基改的蠶來生產物品。二〇一六年，生物科技創投公司「免疫生物研究所」，投資約十億日圓在日本群馬縣前橋市建造實驗工廠，以基改蠶生產出有用的蛋白質。

為了製造出醫藥品專用的蛋白質，該公司不但徹底執行醫藥級的品質管理，也利用自動養殖設備，一次養殖八萬～九萬隻蠶。目前該公司已開始將基改蠶所製造的蛋白質提供給相關單位，進行診斷藥物、研究用試藥及化妝品原料等研究。

如前所述，透過基因改造生產出蛋白質並不是新的技術，以藥品為中心的各種蛋白質，早就用來製造洗劑等酵素和化妝品原料了。其中以蛋白質製成的醫藥品，其原料來源包括基改羊、兔乳中含有的蛋白質，和基改雞蛋中含有的蛋白質等等。

以前要製造基改蛋白質的方法，通常是利用大腸菌、酵母菌等微生物、從動物卵巢分離出來的動物培養細胞來製造。但是，如果要使用微生物和動物細胞大量生產蛋白質時，會需要巨型的培養槽。而且，為了取得標的蛋白質，必須經過分離精製程序，大幅增加製造成本。因此，雖然已經可以用基改蛋白質做成藥物等商品，目前最重要的課題，還是必須想辦法降低成本。

◆密閉型植物工廠

蔬菜和果實也能製造蛋白質

另一種取得基改蛋白質的計畫，是蓋一座完全封閉的植物工廠，防止種子和花粉飄散到戶外，並以基改作物生產標的蛋白質。之所以需要興建密閉型工廠，是因為有專家警告說「基改農作物的花粉，會與一般農作物混種」。

況且，日本也有很多消費者質疑基改食品的安全性。由於擔心影響環境，雖然日本國內栽種且核准上市的基改農作物已經超過百種，但實際上有真正大規模商業栽培的品種，僅有觀賞用玫瑰。

儘管日本很早以前就用過基改農作物來生產蛋白質，不過以往基改農作物的種植與栽培速度緩慢，導致基改蛋白質也無法量產。

自二〇〇六年起，密閉型植物工廠計畫獲得了日本經濟產業省的補助，由日本產業技術綜合研究所的北海道中心主導相關研究。在中心內打造完全密閉的植物工廠，栽種植物並進行蛋白質精製的工作。

此計畫的成果之一是，於二〇一四年讓治療犬隻齒齦炎的動物用藥上市。這款藥的原料是草莓，其果實中含有狗的干擾素（Interferon），由產業技術綜合研究所與北海道北廣島市的農藥廠商「Hokusan」等共同研發。將基改草莓冷凍乾燥、磨成粉後，塗在狗的口腔內進行治療。由於草莓中的干擾素不必經過精製，所以藥物成本大幅降低。

該產業技術綜合研究所在這個密閉型植物工廠中，繼續栽培了多種基改作物，例如製造瘧疾疫苗的草莓、製造家畜用疫苗的萵苣、製造預防阿茲海默症疫苗的黃豆，並持續研發基改稻米、馬鈴薯及番茄等。

位於橫濱市鶴見區的創投企業「Inplanta Innovations」推出的「奇蹟番茄（ミラクリントマト）」，也是此植物工廠的研究成果之一。該「奇蹟番茄」中含有「神秘果素」（miraculin），是原產於西非的神秘果中含有的蛋白質，吃了以後，舌頭的甜味味蕾會產生暫時性的變化，接著吃任何酸的食物都會覺得是甜的。

研發此作物的背景，是因為日本的環境不適合栽種神秘果，所以該公司與筑波大學研究所專攻生物圈資源的江面浩教授等人，共同研究栽培出可植入神秘果素基因的番茄，並有計畫加以利用，例如將針對想控制熱量的族群，推出不含糖的甜味加工食品。

◆暫時性表現技術

短期內就能在植物體內製造疫苗

前面提過，以農作物生產蛋白質是令人期待的技術，但仍存有高成本和安全性的隱憂。若需要採用這種技術，農作物的生產時間過長是另一個待解決的問題。因此，可縮短植物生產蛋白質時間的「暫時性表現」(transient expression) 技術也受到關注。

「暫時性表現」(transient expression) 技術，是指讓植物感染適合傳送外源基因的病毒，讓病毒在植物體內生產出標的蛋白質。並不控制植物的基因，而是讓植物感染病毒，在短短幾週內就能生產出標的蛋白質。有了這種技術，就能立即因應傳染性疾病的迅速流行，在短短的前置時間內就能製造出疫苗和醫藥品。

二〇一四年西非爆發伊波拉疫情時，美國「馬普生物製藥公司」(Mapp Biopharmaceutical) 就是利用暫時性表現技術，研發出對抗伊波拉病毒的「Zmapp」藥劑。雖然「Zmapp」目前還未獲得認可，但有研究報告指出，感染伊波拉病毒的美國醫師經治療後，症狀迅速改善。目前「Zmapp」已進入臨床試驗階段，有望成為治療伊波拉病毒的有效藥物。

日本「田邊三菱製藥」於二〇一三年收購的加拿大生物科技公司「Medicago」，也計畫利用此暫時性表現技術，以菸草葉研發出新型流感疫苗。該公司的技術有助國防發展，因此獲得美國和加拿大政府的補助進行臨床試驗。目的是在爆發新型流感疫情時，能夠在較短的前置時間內製造出疫苗。

日本的暫時性表現技術發展雖然不比海外，不過新潟大學創立的創投公司「UniBio」，與擁有暫時性表現技術的歐美企業合作，準備供應植物蛋白質給化妝品廠商作為化妝品原料。在化妝品的研發方面，對前置時間的要求不高，選擇運用暫時性表現技術，重點是可以標榜「植物來源」的化妝品，有別於競爭品牌大多以基改微生物製造原料。

無論是使用微生物、動物細胞或植物來生產基改蛋白質，要孕育出基因改造生物都得耗費大量時間。例如以動物細胞進行基因改造，須費時約半年至一年。將外源基因轉殖至基因體內其實並不容易。

圖　UniBio 的植物工廠，用菸草葉生產能作為化妝品原料的蛋白質

◆智慧細胞產業（Smart Cell Industry）

以「智慧細胞」製造醫藥品、化妝品、化學品

前面介紹了幾種利用基改生物製造出有用蛋白質的技術，除此之外，能透過生物製造的並不只有蛋白質，也可能透過微生物和酵素來生產出化工產品。

這個方法稱為「生物製程」（Bioprocess），從一九八〇年代後半發展至今。只要活用發展迅速的基因體分析成果和基因編輯技術，將各種基因轉殖至微生物之中，就能製造出前所未有的化工產品。

我們將透過日本經濟產業省的「智慧細胞產業計畫」，來介紹這種「聰明的細胞」（智慧細胞）如何革新產業。

在日本，生物性生產技術已經進入實用化階段，例如抗生素等醫藥品的原料、維他命及胺基酸中，都已經含有用微生物所生產的物質。

例如在廣用型的化工產品中，也有以微生物生產、用來製造廢水處理劑的丙烯醯胺（Acrylamide）。在過去，是用金屬催化劑等產生化學反應的方式來生產丙烯醯胺，現在則可以運用微生物酵素的催化反應產生出來。

改用生物製程的好處，是不同於傳統的工業生產方式，不需要在高溫、高壓等特殊環境中進行，因此在製造化工產品的過程中，可以節約能源、減少環境負荷。不過，能成功以生物製程達到商業生產規模的化學品目前還是少數，只有丙烯醯胺、丙二醇(Propanediol)、丁二酸(succinic acid)等。因為控制生物體內的化學反應其實非常難。

龐大的基因分析資料和基因編輯技術帶來了革新

如果要解決這樣的困境，就要仰賴基因科學的進步。

目前世界各國都急速發展生物基因體分析技術，目的是瞭解生物體內的酵素等蛋白質的鹼基排列。假設能發現催化化學反應的新酵素基因，將基因轉殖於微生物的基因體內，就能製造出新的微生物，產生複雜的化學反應，生產化工產品。

除此之外還有一個關鍵，就是能把製造生物變簡單的「基因編輯」技術。

讓我們來回顧一下基因科學的迅速發展。隨著能高速讀取生物基因鹼基排列資訊的「DNA定序儀」技術進步神速，尤其是在二〇〇〇年後半研發出高性能的「次世代定序儀」(Next Generation Sequencing，NGS)，使得完成分析的資料量爆增。

過去，國際研究團隊要花十年和三十億美金才能分析一個人的基因體，但自從有了「NGS」，幾天內就能完成分析，且不必花超過一千美金。「NGS」的技術不斷進步，幾年後或許不用一百美金，就可以分析一個人的基因體。

人類的基因組有三十億個鹼基排列，光大腸菌就有四百六十萬個鹼基排列，而基因編輯技術將可以切斷特定位置的DNA，替換為其他的鹼基排列。

三十億個鹼基排列，文字量相當於兩百本《廣辭苑》（編註：日本最知名的日文辭典，收錄23萬餘詞彙）。過去的科學家，如果想要成功改造生物的基因，必須經過多次實驗，且大多靠運氣；有了基因編輯技術就能從中找到並切斷目標基因，提升了基因改造的成功率。

就像剪貼文章一樣，所有人都能輕鬆剪貼基因，所以稱為「基因編輯」。

尤其在二〇一二年出現的第三代基因編輯技術「CRISPR/Cas9」系統，可以用「嚮導RNA」（Guide RNA）核酸製造出「零件」，來找到特定的基因組位點，讓鹼基排列設計變得相當簡單。

第一、第二代的基因編輯技術，都是用蛋白質來製造這個「零件」，第一代的製造成本以一億日圓為單位、第二代以百萬日圓為單位計算，但只要委託企業利用「CRISPR/Cas9」系統，則只花幾千日圓就能製造出零件了。這麼低的成本就能操控基因，讓從未操控過基因的研究人員，也能簡單落實自己的想法。而且可以同時操控多個基因，適用於各種生物。

因此，如何運用基因體分析的成果和基因編輯技術，是眾所期待的。例如，用微生物製造工業原料，或是將基因轉殖藻類，大幅增加燃油產量；或是利用微生物、動植物及昆蟲製造出蛋白質，削減醫藥品的價格等等。

日本經濟產業省由於看到生物科學的未來發展，已於二〇一六年推動「智慧細胞產業」計畫，在五年間投入八十六億日圓，發展生物性生產的基本技術。該計畫的目標是研發出不同於「CRISPR/Cas9」系統的日本國產基因編輯技術。因為「CRISPR/Cas9」系統的專利持有人是外國公司，必須支付非常昂貴的專利授權金才能用於商業用途。

如果日本能成功推動「智慧細胞產業計畫」，將可利用生物生產醫藥品、化妝品、化工產品等，帶動大規模的生物經濟產業。

新市場將占GDP的二・七%

由35國組成的「經濟合作暨發展組織」（OECD）在二〇〇九年發表的報告書「二〇三〇年生物經濟：政策課題設定」中指出，二〇三〇年的生物經濟規模，將占加盟國國內生產毛額（GDP）的2.7%。以日本二〇一五年的資料來看，GDP的2.7%等於超過一兆四千億日圓，大於食品產業和化學產業的比例。

歐美各國在這樣的展望下，紛紛祭出推廣政策。二〇一二年二月，歐盟執行委員會（EC）發布「生物經濟戰略」，表示將推動能源轉型，利用生物轉化再生能源。同年四月，當時的美國歐巴馬政府也宣布「國家生物經濟藍圖」（National Bioeconomy Blueprint），宣告未來美國將優先支持以生物技術為首的投資、研究與商業經濟活動。二〇一六年，美國能源部和美國農業部（USDA）發表「Billion Ton Bioeconomy」合作計畫，希望利用十億噸的生物質，於二〇三〇年取代25％的石油燃料。

並且，繼英國、丹麥、芬蘭、德國、荷蘭等國，西班牙和義大利也都在二〇一六年擬定生物經濟戰略。

日本政府也於二〇一七年六月，擬定日本版的生物經濟戰略方針。在日北內閣決議的成長戰略「未來投資戰略2017」中提及「生物材料革命」，表明「將推動產官學合作共同研發技術，利用生物生產機能性物質」、「從本年度起，將擬定策略，建立完善制度、實施整合性政策，以創造我國生物產業的新市場」。

生物質、生物科技等生物性生產技術，也能讓傳統依賴化石燃料的技術再生。

雖然自十九世紀末到二十世紀初，已經出現了汽車、飛機、電話、電燈等眾多大幅改變人類社會的技術，但塑膠等石化產品也是這個時期誕生的產物。

塑膠這種材質，自古以來大多是使用從樹木分泌的樹脂為原料，直到一九〇九年，美國化學家貝克蘭博士（Leo Hendrik Baekeland）才首創利用植物以外的原料，合成酚醛樹脂「電木」(Bakelite)。此後，石油就被用來研發、製造多元化的塑膠，而取代了木材、木棉、絹麻等天然材料，石化產品漸漸充斥在人類生活中。

然而到了現代，原本帶來便利的新技術如汽車、飛機燃料、電話、電燈、塑膠材料等，這些都會大量消耗石油等化石資源、增加溫室氣體、加劇地球暖化。為了讓人類在地球上永續生存，減少消耗化石資源是迫在眉睫的課題。生物性生產技術將是個有效的解決方法。

將發電效能發揮到極致，遏止地球暖化

降低二氧化碳排放量，並加以回收和封存

田中太郎
《日經 ESG》雜誌 總編輯

美國總統川普宣布退出阻止全球暖化加劇的「巴黎氣候協議」，是於二〇一五年底聯合國氣候變化綱要公約第二十一次締約國大會（COP21）中所通過的協議。各締約國協議，未來將一起努力讓地球氣溫的上升幅度，控制在與前工業時代相比最多攝氏二度以內的範圍，且應努力追求革新的溫室氣體削減技術。

為了達成 COP21 的「二度目標」，在二〇五〇年前必須將全球溫室氣體的排放量，控制在二百四十億噸左右。但世界各國向聯合國提出的二〇三〇年溫室氣體排放量，總計約五百七十億噸。想要達成目標，排放量還要再減少三百億噸以上。

減少溫室氣體的技術，大致可分為「改善現存火力發電廠」，和「追求零碳排發電方式」。

前者除了回收火力發電廠所排放的二氧化碳，將之封存於地底或海底的技術之外，也有讓現存的火力發電廠改用低碳發電的技術。火力發電大多使用石油和煤炭，尤其燃煤發電占全球二氧化碳排放的三成，因此全球開始檢討是否應該繼續讓煤炭主宰發電。不過，國際能源總署（IEA）表示，燃煤發電占全球總發電量約四成，這樣的趨勢仍將持續至二〇四〇年。發展中國家需要便宜的煤炭支撐其經濟成長和電力需求，因此也不能無視這樣的事實。

至於後者，目前正在挑戰零碳排的發電方式，除了式微的小型水利發電系統再度受到矚目，地熱和氫氣發電也受關注。兩者都能提高發電能力，降低成本。

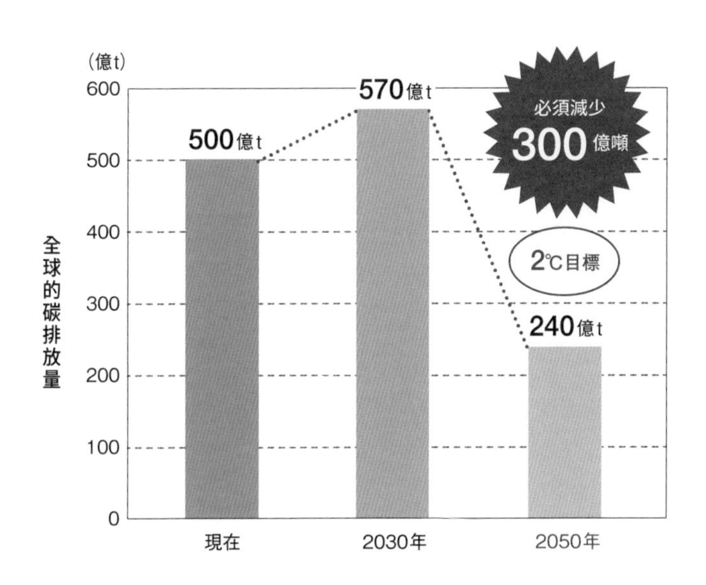

圖　必須減少 300 億噸碳排放量才能達成「2℃ 目標」

日本也有很多與環境、能源開發相關的技術。現在正是日本展現技術力，為達成COP21的「二度目標」，或為了世界更好而貢獻己力的時候。

二〇一六年六月日本內閣通過「日本再興戰略2016」，以名目GDP（當年度的產值）六百兆日圓為目標擬定成長戰略，二〇三〇年度的能源相關投資金額，將增加至二十八兆日圓。

◆回收、封存二氧化碳

將二氧化碳注入深層的地下儲存層中

國際能源組織表示，想在二〇五〇年前控制全球溫室氣體的排放，達成COP21的「二度目標」，最有效的方法就是「碳捕集與封存」(Carbon capture and storage，CCS)，這是指收集從污染源產生的二氧化碳，運輸至儲存地點並長期與空氣隔離封存的技術。國際能源組織認為，收集和封存燃煤發電等發電設備的二氧化碳，可貢獻31%的碳削減量。

聯合國政府間氣候變遷小組（IPCC）表示，如果不捕集、封存二氧化碳，達成二度C目標的成本就會增加29～297%。

降低燃煤發電的碳排放量

在日本瀨戶內海的小島上，已經開始試行減少燃煤發電的二氧化碳排放。由日本的「中國電力公司」和「日本電源開發公司」(J-POWER)共同出資創設的「大崎 CoolGen」公司，於日本廣島縣大崎上島町蓋了火力發電廠，在日本經濟產業省和NEDO(日本新能源產業技術開發機構)的支援下，試行減少二氧化碳排放的技術。

「大崎 CoolGen」公司建設收集二氧化碳的設備，計畫於二〇一九年啟動。該公司採用使用兩種渦輪機的煤氣化聯合循環發電技術(IGCC)，燃燒淨化過的氣體，

圖　大崎 CoolGen 的燃煤發電廠(廣島縣大崎上島町)

驅動燃氣輪機，用燃燒時的熱能生成蒸氣，推動蒸汽輪機產生電能。由於在驅動燃氣輪機前就從高壓燃燒氣體中收集二氧化碳，因此可提升回收效率。

另外，「東芝」(TOSHIBA)也開始捕集燃煤發電的二氧化碳。

東芝旗下子公司「SIGMA POWER 有明」(位於福岡縣大牟田市)所有的「三川發電所」，發電功率四萬九千瓩（kW），自二〇〇九年起就每天回收十噸二氧化碳。這是是日本唯一收集現役火力發電廠二氧化碳的例子。

自二〇一六年起，日本環境省與「瑞穗情報綜合研究所」等單位就共同研擬試驗計畫，希望回收達到日排放量一半的五百噸二氧化碳。此計畫於二〇一九年展開試行，預計將於二〇二〇年以前達成目標。

傳統的燃煤發電廠只使用蒸汽輪機，從蒸汽輪機運轉過後的低壓氣體中可以回收二氧化碳，因此電力和發電所需的熱能，都消耗在收集二氧化碳上。為了降低耗損，「SIGMA POWER 有明」建置了更有效率的二氧化碳收集系統。

儘管「大崎 CoolGen」和「SIGMA POWER 有明」都已著手回收二氧化碳，但尚未將之封存於地底。必須將之封存，才能真正達到削減的目的。

二〇一六年四月，日本經濟省在北海道苫小牧市沿岸，試行大規模的封存。由日本「CCS 調查公司」將二氧化碳注入地底深層。

封存的方式是在與沿岸「出光興產煉油廠」相鄰的場址，挖掘兩口將二氧化碳注入地底的「井」。其中一口深達海底約一千一百至一千二百公尺，另一口約二千四百至三千公尺，鑽探角度與地面傾斜。從井口注入特性界於液體及氣體間的高壓「超臨界二氧化碳流體」，沙層就會吸收二氧化碳。二〇一六年四月到五月，總計注入約七千二百噸二氧化碳。未來計畫每年封存十萬噸。

鑿井將二氧化碳注入地底，以船隻運送

如前所述，「碳捕集和封存」的效果顯著，不過實際上進行封存時還是會面臨幾個難題。第一，對封存場址所在地的環境影響。萬一注入地層中的二氧化碳洩漏，會不會影響到地層和海洋？與地震有無關聯？針對居民的諸多擔憂，都還必須進行深入溝通。全球各地已經有將二氧化碳注入地層的案例，目前狀況顯示外漏並不會影響環境，也不會引發地震。

日本「CCS調查公司」在井的四周設置多個地震感應器，監測微小震動、溫度及壓力變化。結果顯示，開始注入後並沒有監測到微小震動。同公司也在網站和苫小牧市公所架設數位螢幕，公開微小震動等監測記錄。

為了獲得居民的理解，日本環境省也在研究其他方法，例如避開沿岸漁場，轉而在偏遠的海上封存二氧化碳，在海上挖掘垂直井直達海底，以船隻運送二氧化碳。

此計畫由「瑞穗情報綜合研究所」等檢討環境省支援的「SIGMA POWER 有明」試驗計畫，評估海上封存的影響。

碳封存的另一個難題是成本。根據「地球環境產業技術研究機構」（RITE）的調查顯示，從收集到封存，每噸二氧化碳的成本約七千三百至一萬二千四百日圓。雖然成本會隨科技進步下降，但資材等費用卻會變高。日本「CCS調查公司」也基於試行計畫算出封存成本，並向日本經產省等單位報告。日本經產省和環境省正在委託「CCS調查公司」，在日本境內尋找三個可以封存一億噸以上的地層。未來或許要在政府單位帶領下，指導發電業者投入成本來封存二氧化碳。

目前世界各國都在發展「提高石油採收率技術」（EOR）和「二氧化碳捕集和利用」（CCU）等技術，前者是將二氧化碳注入油田和天然氣田，增加石油、天然氣的產量；後者是不封存二氧化碳，將之轉化為合成燃料原料和化學原料。這些技術的發展，都必須仰賴碳捕集和封存技術的進步。

◆低碳燃煤發電

追求發電效率，減少二氧化碳

也有技術是針對減少火力發電產生的二氧化碳。前面提到的「大崎 CoolGen」所進行的「整體煤氣化聯合循環發電系統」（ＩＧＣＣ）就是其中之一。該公司使用的是功率十六萬六千瓩（ｋＷ）的「ＩＧＣＣ試驗機」。

「ＩＧＣＣ」是由燃氣輪機和蒸汽輪機兩大構造組成，因此發電效率高於傳統的發電方式。「大崎 CoolGen」使用一千三百度級的燃氣輪機，預期發電效率可達40.5％。一千五百度級的話，則希望可以達46到48％。由於發電效率較高，所以二氧化碳排放量比日本國內主流的超超臨界（ＵＳＣ）機組低了約15％。

以高溫氣化爐蒸烤粉碎的煤炭（粉媒），經熱分解後產生一氧化碳、氫氣等燃燒氣體。「ＩＧＣＣ」會利用這些氣體驅動燃氣輪機，並利用熱能形成的蒸汽推動蒸汽輪機。如果是傳統的燃煤發電，只會利用燃燒粉媒所生成的蒸汽來驅動蒸汽輪機。

過去，發電設備廠商是藉由提高燃燒溫度和蒸汽壓力來提升能源的發電量。超超臨界壓（ＵＳＣ）的發電效率雖然有39％到41％，不過很難再提高輪機的耐熱性和耐壓性。

也有計畫是收集燃燒氣體中的氫氣，讓燃料電池發電，提升「ＩＧＣＣ」的發電效率。經產省等單位今後也將把固態氧化物燃料電池（ＳＯＦＣ）應用在「ＩＧＣＣ」上，以推動三構造發電「煤炭氣化燃料電池複合發電」（ＩＧＦＣ）的試行計畫。

「ＩＧＦＣ」在概念上是將氫氣當作燃料電池的燃料，採用「打入氧氣」型的氣化爐。

利用構造內的空氣分離裝置去除氮氣，將剩下的氧氣送入氣化爐。由於燃燒氣體中不含有氮氣，所以能有效生產氫氣作為燃料電池的燃料，也能用來製造化學原料。雖然也必須考量燃料電池的功率，不過只要達成「IGFC」（複合發電），發電效率就能超過55%，二氧化碳排放量還比USC減少約三成。

但是，「IGCC」和「IGFC」的設備投資額較傳統燃煤發電高。因此，「大崎CoolGen」也致力於研發技術，以利使用品質較差但價格較便宜的褐煤。若使用褐煤可以降低燃料費，將能迅速回收初期的設備投資成本。一旦該公司的技術進入實用階段，整個發電成本便可望降到與傳統的火力發電相同。

前面曾提到「收集和封存燃煤發電等發電設備的二氧化碳，可貢獻31%的碳削減量」，其實等到「IGCC」普及後，預期貢獻度也只有4%。

然而，如果希望持續使用燃煤發電，就要採取「IGCC」等降低碳排量的技術。展望二〇五〇年，美國、中國及印度的燃煤發電碳排量將占全球七成。假設能採用日本的「IGCC」技術，則預估每年可減少約十五億噸的碳排量。

◆小型水力發電系統

發電設備小型化，成本降低

發電功率小於一萬瓩（kW）的小型水力發電系統，也吸引了眾人的目光。受到再生能源電力固定價格收購制度（Feed-in Tariff，FIT）的影響，收購價格高、功率小於一百瓩的微型水力發電設備，現在也持續進化。

根據「日本全國小水力利用推進協議會」的統計，若將全日本可以裝設裝置容量小於一千瓩的小型水力發電設備之地方全部加總起來，總共可以發電三百萬瓩。

小型水力發電具備高發電效率，整個發電週期的碳排量也少。日本國內廠商運用這樣的特徵，往小型化和低成本發展，以推動小型發電設備的普及化。

位於日本神奈川縣相模原市的老字號小型水力發電設備廠商「田中水力」，研發出將水車裝在圓柱上，縱橫雙向皆可裝設的小型發電機。只要具備面積達一至二平方公尺、高二至三公尺的空間，就能裝設。

為了可以架在狹窄空間，所以此發電機設計成可以縱向擺放。由於改良了水封裝置，在縱向擺放時，讓連接發電機和水車內渦輪葉片的機軸潤滑劑不會外漏。傳統的水力發電機都以橫向擺放居多，所以較難架設在狹窄空間內。

「田中水力」除了致力於小型化之外，也用心減少零件使用。以泛用型齒輪降低三成水車的製造成本，並以齒輪取代連桿式或臂式零件，還在進水口設置像閥門般控制水流量的開關。不僅能降低製造成本，也能減少維修費用。

「田中水力」設置於青森縣農水路的小型水力發電機，是在有效水頭二・一公尺、最大流量每秒〇・五立方公尺的水道上設置水車。於水車兩側設置兩台裝置容量三・五瓩的發電機，最大可獲得七瓩。小型水力發電機的特色是，在低落差下也能利用水流的位能。發電裝置大多裝設在農業水利、淨水設施、水壩放流設備等現存的設施內，不須大動土木。且由於構造單純，將位能轉換為電能時，發電效率可提高七至八成。讓高低差所產生的位能，流過水車內的渦輪形成動能，驅動發電機發電。

圖　簡化水車構造，節省空間和降低成本的小型水力發電設備

水力發電的構造早在十九世紀中就發明，因此大多水力發電的技術都是當時研發，現在已經變得很落後；也由於日本國內很少建設大型水力發電廠，所以難有技術革新。

如果想要以低成本製造小型水力發電設備，零件必須規格化，數目也要減少。大型發電廠為了增加幾個百分比的發電效率，通常會訂製專屬零件，但小型水力發電設備就算提升發電效率，輸出功率還是很久，因此用這種方式的話 CP 值很低。

全球業務用空調大廠「大金工業」公司，也正在積極地投入小型水力發電的技術研發。從二〇一三年開始進行研發，並在二〇一四年於日本富山縣南礪市、二〇一五年於日本福島縣相馬市推動試行計畫。

「大金工業」並非著眼於研發高機能裝置，而是打造低成本發電系統。許多專家認為小於一百瓩的小型水力發電系統，需要約二十年才能回收投資成本，因此大金的目標是研發出大約十年即可回收成本的發電系統。

「大金工業」運用先進的空調技術來降低成本。其中一個例子就是應用空調的變頻器，取代控制水流量的機械，降低製造成本和維修費。空調是透過變頻器來冷卻、加溫空氣，調節壓縮機的運轉頻率。「大金」就是以相同原理，利用變頻器控制發電馬達的運轉頻率。

除此之外，「大金」也在其他部分應用了空調技術，例如運用流體分機技術研發葉輪、使用發電部位埋入磁石的高效率馬達等。

「大金」所使用的幫浦，則是使用成品。他們會因應顧客需求，分別組合功率七十五瓩和二十二瓩的兩種幫浦，以達到降低成本的目的。

◆超臨界地熱發電

活用地底內水溫高達一千兩百度的海水來發電

日本的地熱資源達二千三百七十萬瓩，高居世界第三。「東芝」、「富士電機」、「三菱日立電力系統」等三家公司的地熱發電渦輪機，占全球市場約七成，顯示出日本技術的優勢。全球地熱發電市場持續成長，估計二〇二〇年的裝置容量將高出二〇一〇年二倍。因此在進行技術研發時，不僅本國市場，也應該考量全球市場。

「超臨界地熱發電」是目前受到重視的技術。利用被岩漿加熱到約一千二百度、處於高溫高壓狀態（超臨界狀態）的海水與岩層，驅動蒸汽輪機發電。由於使用高溫的地熱，所以不用從外部供給水分，其高功率可維持三十年以上。

當雨水或雪滲入地面後就成為地下水，而從地下二至三百公尺的地熱儲集層噴出二百至三百五十度的蒸汽，一般所說的地熱發電，就是利用這些蒸汽。由於蒸汽會隨著地下水的減少而變少，因此必須人工補水以產生蒸汽。

日本產業技術綜合研究所經地震波探測地底，發現在日本東北地區的古老火山群地下，藏有五十至六十個超臨界地熱資源。假設一半能用來發電，就相當於數千萬瓩，已經超過目前已確認的地熱資源量。

冰島是率先推動「超臨界地熱發電」技術邁入實用化階段的國家，且正在試行國家級的超臨界地熱發電計畫，二〇一四年曾連續數個月成功釋放出四百五十度的水蒸汽。

但這項計畫也有其難題。除了挖管必須能耐五百度以上的高溫和強酸，在技術上也必須能去除水蒸汽中所含有的大量二氧化矽。

◆活用氫氣

在常溫常壓下運送氫氣，降低運輸成本

受到矚目的氫氣，也是一種在燃燒時不會產生二氧化碳的能源。

「川崎重工業」公司正在研發氫氣渦輪機。該公司已研發出能夠混燒氫氣和天然氣，降低燃燒溫度、不會排放出「NOx」(氮氧化物)的技術。氫氣具有燃燒速度快的特性，燃燒時所產生的氮氧化物是天然氣的約二倍。

日本兵庫縣的「明石工廠」以一千七百瓩級的發電機，進行氫氣燃氣輪機試驗計畫。並且，也在研發可以完全燃燒氫氣的氫氣專用燃氣輪機。藉由微火燃燒氫氣，控制燃燒溫度，可抑制氮氧化物的排放。

日本政府計畫於二〇五〇年以前，引進二十萬台燃料電池車、建造三百二十個氫氣補給站，擴大應用於公車、堆高機及船舶等。目標是在二〇三〇年正式引進營業用氫氣發電。

此外，日本也正在研發可大量運輸、儲存氫氣的技術。目前是以工廠廢氣和天然氣產生氫氣，但生產量尚不足以供應發電。

目前「川崎重工業」計畫用澳洲的褐煤生產氫氣，並經海運輸送至日本。預計於二〇二〇年可直接從澳洲進口氫氣。

目標是常溫、常壓、低運費

「千代田化工建設」目前正展開試行計畫，在氫氣中添加甲苯，使之成為「甲基環己烷」（MCH）液體後再運輸。目前必須將氫氣冷卻到零下兩百五十三度，氫氣才可液化，因此需要有足夠的能源和設備，讓氫氣保持在極低溫的狀態，運輸成本也很高。「千代田化工建設」目前的工廠，一小時可生產約五十立方公尺的氫氣，將再擴大生產規模。該公司也在研發以更少能源生產高純度氫氣的技術。現在，仍需要約三百度高溫下才能取得氫氣。

日本政府二〇四〇年的目標是，活用發電和製造時皆不排放二氧化碳的「零碳排氫氣」。「東芝」公司在橫濱市的一千九百八十瓩風力發電廠，建置了大規模的氫氣製造・儲存系統，並於二〇一七年七月啟動。利用再生能源電力，可進行水的電氣分解，產生零碳排氫氣，並運用於市內的工廠和倉庫。預計可降低八成的碳排量。

日本政府公布「福島新能源社會構想」，以十百萬瓦（MW）的規模製造氫氣，計畫用於二〇二〇年的東京奧運上，展示推動氫氣社會的成效。

（採訪協助：《日經ESG》雜誌　副總編輯　半澤智）

徹底檢驗老舊公共建設

找出建築物內部毀損，全面更新

野中賢
《日經土木工程》雜誌 總編輯

每天經過的橋和隧道，有一天卻突然崩塌——。日本各地在經濟高度成長期大量投入的社會間接資本（Social overhead capital），也就是公共基礎建設，到了現在卻都面臨即將荒廢的危機，甚至引發重大死傷事故。例如，二〇一二年十二月，連接日本山梨縣甲州市和大月市的中央自動車道笹子隧道，發生了坍塌事故。有超過一百公尺的路段，塌落了二百七十片每片重達一公噸的水泥天花板。塌落的天花板砸中隧道內的車輛、引發了火災並造成九人死亡。調查分析認為，事故的原因在於固定懸吊式水泥天花板的T型金屬零件，出現了老化損傷。

圖　笹子隧道的天花板坍塌事故現場
（照片來源：山梨縣大月市消防本部）

無獨有偶，二〇一三年二月，連接日本濱松市國道一五二號和水窪川的行人專用吊橋「第一弁天橋」，主索和基座之間的零件發生損壞，導致橋面傾斜，而造成六名高中生擦撞傷。所幸這些高中生在橋面傾斜時有及時抓住欄杆，才沒有掉落橋下，但不難想像如果他們不幸掉落五公尺下的國道和八公尺下的河中，會釀成多慘重的死傷。這座橋於一九六五年竣工，零件早已老化，遭雨水腐蝕內部而導致斷裂。

儘管這兩座橋在事故發生前都有進行過安檢，卻還是無法預防事故發生。為這些老舊道路實施計畫性的調查、安檢及修繕工程等，所需要的技術不同於新建設施。如何達成作業機械化和降低成本，也是重要的課題。

圖　主索零件斷裂的第一弁天橋

(照片來源：日本國土交通省)

善於因應各種課題的日本，領先全球結合土木工程和ＩＴ（資訊科技）等技術，積極發展解決公共建設老朽損傷問題的技術。目前的最新進展，是透過無人機和感應器，掌握過去無法得知的建築物內部狀態，用人工智慧（ＡＩ）進行分析，防範事故發生。並且，也投入研發具耐久性的新建築材料。

東南亞各國最快十年後，就會出現更新基礎設施的需求。若能成功研發相關技術，即可在基礎建設的「大更新時代」中，為世界貢獻己力。

◆智慧管理公共建設

運用人工智慧偵測修繕點

利用定期安檢結果和交通量等多元資料，由人工智慧預測建築物的健全度和劣化狀況，自動偵測需要修補和補強的位置。「日本首都高速道路公司」於二〇一六年十月將這樣的構想落實，推出了最先進的智慧基礎建設管理系統「i-DREAMs」。

這套系統能從設計到施工、養護管理等，整合管理高速公路所有程序的數據，提升安檢和修繕的效率。「日本首都高速公路公司」於二〇一七年開始正式運用此系統。

「i-DREAMs」系統的核心技術稱為「InfraDoctor」，它會蒐集ＧＩＳ（地理資訊系統）中包含的公路管理明細和安檢結果，此外也會蒐集所有首都高速公路的「3D點雲資料」(point cloud)用於維護。

「InfraDoctor」是「首都高集團」與日本濱松市內具有資料轉換優勢的「ELYSIUM」公司、航空測量大廠「朝日航洋」所共同研發的高科技技術。

「3D點雲資料」是顯示建築物形狀的座標集合。利用「車載移動測繪系統」(Mobile Mapping System，MMS)，只花一秒即可用雷射掃描周圍百萬次，在車輛行駛中獲得座標。將得到的3D點雲資料匯入「InfraDoctor」系統後，在數位地圖上選擇想調查的建築物，就能瀏覽相關明細和3D點雲資料。不必親自到現場，也能測量建築物的尺寸，掌握與四周環境的位置關係，大幅減少

圖　從「InfraDoctor」叫出的首都高速公路 3D 點雲資料

(資料來源：首都高速公路公司)

修繕的準備時間和避免重做的狀況。甚至有公司由於能省去測量和圖檔製作的程序，只花一天就完成原本需八天的工程。

該3D點雲資料除了可以製作2D圖和3D圖之外，也能半自動地產生「有限元素法」（FEM，工程數值分析）模式以便計算。除此之外，點雲資料也能應用在修補和補強的設計層面，以配合建築物的實際尺寸、照明設備和標誌等附屬物的位置，執行正確的設計。

在未來，「i-DREAMs」系統也將搭載人工智慧。負責研發的首都高保全企劃課課長永田佳文表示：「利用安檢結果和交通量等多元資料，可推斷出橋樑等建築物的損壞程度和後續狀況，協助決定修繕日期和工法」。根據首都高的調查，「i-DREAMs」系統的研發成本高達一億數千萬日圓，但引入該系統可提升維護管理業務的效率，「幾年即可回收投資成本」。

「首都高」也有意將「InfraDoctor」這套核心技術賣給日本國內外的道路管理單位，推廣此技術的普及化。在推動上，「首都高」運用了3D點雲資料量測和分析，協助建設大廠「ORIENTAL」工程公司執行福岡北九州高速公路公社所發包的工程。

二〇一六年底，在泰國首都曼谷，也針對泰國高速公路管理局（EXAT）所管理的高速公路運用此新技術，採集了其中十八．五公里的3D點雲資料。泰國的高速公路比日本首都高速公路年輕，因此泰國當局目前還不太注重維護管理的問題。不過，「首都高」早有先見之明並做好因應準備。

負責泰國計畫的首都高技術顧問部國際企劃課課長川田成彥表示，「泰國最快十年後就會出現維護管理的需求」，「但是，建築物一定會老化損壞，如果等到需求出現才有動作，那就太慢了。從現在就要讓大家知道，有效率地維護建築物非常重要」。

「首都高」更放眼高速公路建設、維護管理以外的領域。該公司於二〇一七年三月，宣布將道路建築物的3D點雲資料應用在汽車的自駕輔助系統上，有意與研發自駕車專用地圖的「DMP」(Dynamic Map Platform，動態地圖平台)合作。此平台是在二〇一六年六月，由「三菱電機」偕同五間地圖公司與日本國內九間汽車廠商，由十五間公司共同出資創設的。

圖　以從日本空運到泰國曼谷的移動測繪系統，蒐集高速公路的 3D 點雲資料

(照片來源：首都高速公路公司)

「DMP」將以上市為目的，研發自動駕駛輔助系統用的3D地圖。目標是在二〇一八年將總長約三萬公里的日本全國高速公路3D地圖量產化。

自動駕駛用的3D地圖資訊，必須詳細載有道路緣石、標線、號誌、標示等訊息。「DMP」將從「首都高」以公釐為測量單位的精密點雲資料中，篩選出這類資訊，再應用於研發中的地圖資料中。量產自動駕駛系統地圖時，也會迅速更新路段資訊和新開通的路段。「DMP」藉由與「首都高」的合作，將提升其地圖資訊和資訊更新的信賴度。

◆無人機雷射雷達系統

濃密樹叢下的地形照樣一目瞭然

「3D量測」是迅速取得地形和建築物資訊的必要技術。進行3D量測時，各界都會積極運用小型無人機來進行空拍和航空攝影測量。在未來，搭載雷射掃描儀的無人機，也將會活躍於各種場合。

二〇一六年四月，日本九州熊本地區發生地震，導致熊本縣南阿蘇村立野區有約五十萬立方公尺的土石崩落。相關單位利用搭載小型航空雷射掃描儀的無人機，在國道三二五號阿蘇大橋坍塌現場進行勘測。

用航空雷射掃描儀執行航空掃描測量時，是朝地面照射紅外線，根據雷射反射回來的時間差測量地形。因此，就算地面草木叢生，還是可以取得3D座標。這是過去的航空攝影測量無法做到的。在無人機上會搭載掃描儀、高精密GNSS（GPS等導航衛星系統的總稱）、可測量機體位置和加速度的IMU（慣性測量組件）等，以計算座標。

受日本國土交通省的委託，「應用地質公司」在廣島市測量公司「Luce Search」的協助下出動無人機，於南阿蘇村立野區進行測量。若地面開裂寬度持續擴大的話，會引發更大規模的土石坍塌。因此要透過調查評估坍塌坡面頂部懸崖的穩定性，推測未來可能發生崩落的土石量標準。

圖　熊本地震導致熊本縣南阿蘇村立野地區發生大規模的坡面坍塌

（照片來源：日本國土交通省）

該無人機在上午結束三十分鐘的空拍任務，下午即製作出約八十萬平方公尺的地形資料提交給日本國土交通省。

利用測得的資料，不僅可以畫出現場的地形圖，也可以製作雷射反射強度圖，即可看出雷射反射弱的位置為凹部。這樣還能清楚顯示出坍塌坡面頂部的龜裂，透過斷面圖可看到落差達三公尺、寬四公尺的龜裂，表層從下方突出的樣子。推估最多可能有二萬立方公尺的土石會崩落。

由於坍塌坡面規模廣大，加上現場被樹林覆蓋，若以傳統方法，即使動用人員進行現場調查，也難以瞭解龜裂的連續性等狀態。而雷射無人機就可以解決這個問題。

負責做調查的「應用地質公司」砂防・防災事業部技術部部長正木光一表示，「無人機不同於以往動用直升機的航空雷射測量，它可以低空進行精密測量，正確掌握龜裂的位置。可從調查結果在早期就判斷出不會再發生大規模的崩塌」。

日本國土交通省也投入資源推廣雷射無人機的普及化。二〇一七年初展開應用於河川管理的「陸地・水中無人機」研發計畫，總共有三組團隊負責研發，分別由「Pasco」與「Amuse Oneself」、「亞洲航測」與「Luce Search」、「河川情報中心」與「Luce Search」及「朝日航洋」組成。目標是在半年至一年內進入實用化階段。

他們計畫將雷射無人機引入河川管理的原因，就是目前的測量方法無法進行精密控管。

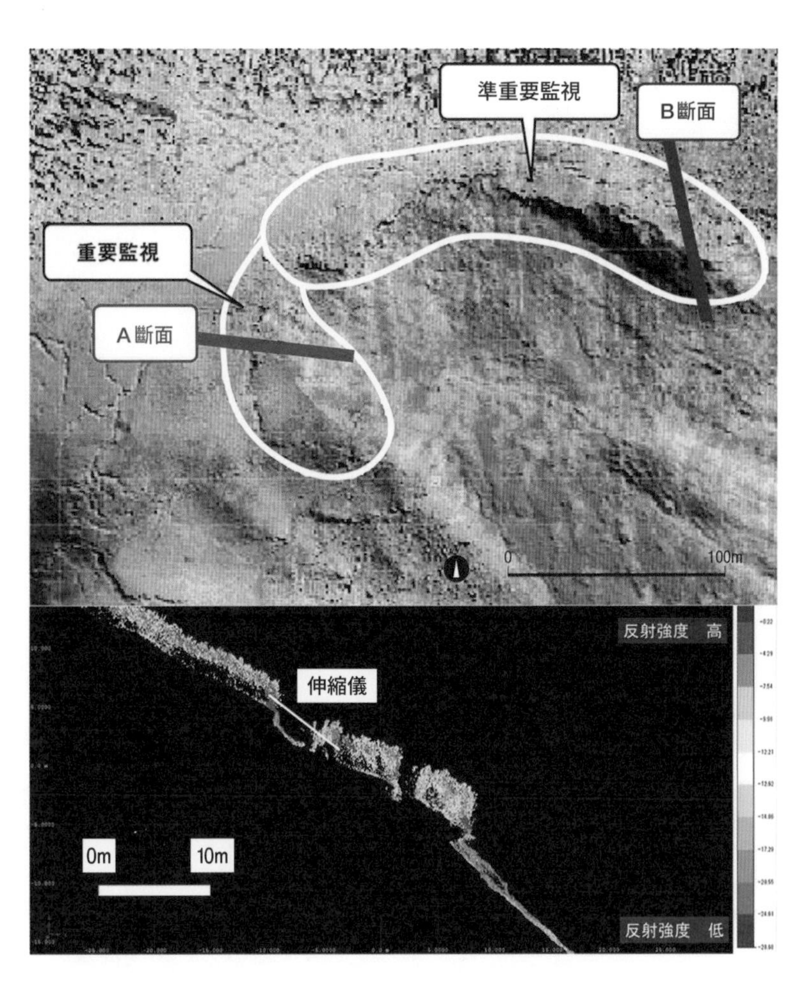

圖　坍塌處頭部周邊的反射強度圖（上）。可看到 A 斷面有大規模的龜裂，表層位移（下）
（照片來源：應用地質公司）

使用音響測深儀等定期為河川進行縱橫斷面測量，只能每隔二百公尺測得斷面形狀，且五年才實施一次。不僅無法有效瞭解堤防的弱點，也因為經費龐大難以增加測量頻度。

就陸地雷射測量方面，三個研發團隊都有各自的成果。問題在於水中的地形測量。若想取得河床的３Ｄ點雲資料，除了要運用陸地測量的近紅外線雷射外，還要加上波長更短的綠光雷射。從藉水面反射的近紅外線，和通過水中、遇河床後反射回來的綠光雷射之間的時間差，計算出水深、測量地形。

水質混濁時，綠光雷射會被吸收，以河川來講，目前僅能測量到水深六公尺處。不過，能取得河床的３Ｄ地形，已經算是很大的成果。

但綠光雷射探測儀要價約二億日圓，價格不菲，且體積龐大到不適合裝載在無人機上。因此，未來的技術發展仍令人期待。

◆建築物內部毀損可視化技術

不必破壞外觀，也能早期發現劣化的位置

內部毀損可視化技術，也有重大發展，透過非破壞性的檢測，可以及早發現水泥橋面下的老化狀況。

日本「富士通」(Fujitsu) 公司和所屬的「富士通研究所」已經研發出資料分析技術，可以在橋面底下裝設測量行車震動的感應器，推測出橋面內部的受損和老化程度。預計於二〇一八年邁入實用化。

除此之外，富士通研究所也研發出可以進行高精密辨識的深度學習技術(deep learning)，有助蒐集時序資料。

從感應器測得的震動資料中，可篩選出某個瞬間和其〇．〇一秒後、〇．〇二秒後的加速度。將三個時間點的加速度對應3D圖的各軸，作出一個點。依照時間變化重複相同作業，就能把全部的時序資料轉換為點集合的3D圖。接著，利用拓撲數據分析法(topological data analysis)，以數值表示圖形的特色。

如此一來，就能從複雜的震動資料中區分出差異，掌握到顯示的數值與正常值差別的「異常度」和顯示劇變狀態的「變化度」。

「測得橋面下一個位置的震動資料，就能推斷出周圍幾公尺的地面內部受損程度。並且，由於可在受損的初期階段就檢測出內部的變形，因此有助擬定早期對策」。富士通的負責人這麼說。未來，也將使用實際的橋樑震動資料進行檢證，確定適用範圍。

以震動資料推測地面的受損程度，其實並不是新的技術，但在過去由於從感應器測得的震動資料，時序數值變化很大，很難判別異常的程度，因此難以掌握地面內部的狀況。

運用AI敲鎚勘察系統檢查施工異常處

日本產業技術綜合研究所與「首都高技術有限公司」、「東日本高速公路公司」、「Tech-E」等公司共同開發出「AI敲鎚勘察(Hammer tapping)系統」，可利用人工智慧(AI)進行敲鎚勘察，偵測施工的異常部位和異常程度，並可自動繪製異常度圖。

只要一開始敲槌、確定正常的部位十秒，就能建立檢測目標的正常敲槌聲音模式。即使是在資料不充分的階段，人工智慧也能對應建築物的材質、形狀、安檢錘的種類等，判斷出正常或異常。

「AI敲鎚勘察系統」由三個部分組成，分別為測量元件(結合了接觸式聲音感應器和取得敲擊位置的距離掃描器)、搭載人工智慧的平板裝置、以及可通知安檢人員偵測到異音的攜帶型裝置。由無線通訊連接各部分。

執行勘察時，首先，將測量元件直立於目標建築物上，讓聲音感應器接觸到水泥地面。接著，由人員敲打正常部位，讓人工智慧建立正常的敲打聲模式。建立之後，同一般敲槌勘察一樣，要以槌子敲打水泥面。

人工智慧將依據敲槌聲的周波數分布和時間變化，將異於正常敲打聲模式的聲音判別為「異常」，將無異的聲音判別為「正常」，並逐漸更新正常敲打聲音模式。一旦偵測到異音，安檢人員身上的攜帶型裝置就會亮起燈號並發出信號聲。日本産業技術綜合研究所表示，此系統可偵測到水泥表面小於四～六公分的孔洞，高於人工檢測。

理化學研究所和土木研究所也研發出以中子透視水泥地板等，可掌握建築物老化受損狀況的技術。原理是在中子源和地面等檢測目標中間，設置中子探測器。射入中子後，計算中子遇目標物後反射回來的時間和數量變化，調查內部是否有空隙和水。

在水泥表面十公分以下的深度，即可偵測到五公釐厚的異狀。過去必須像X光攝影一樣，將檢測目標夾在中子源和探測器中間。未來可期待擴大新技術的應用範圍。

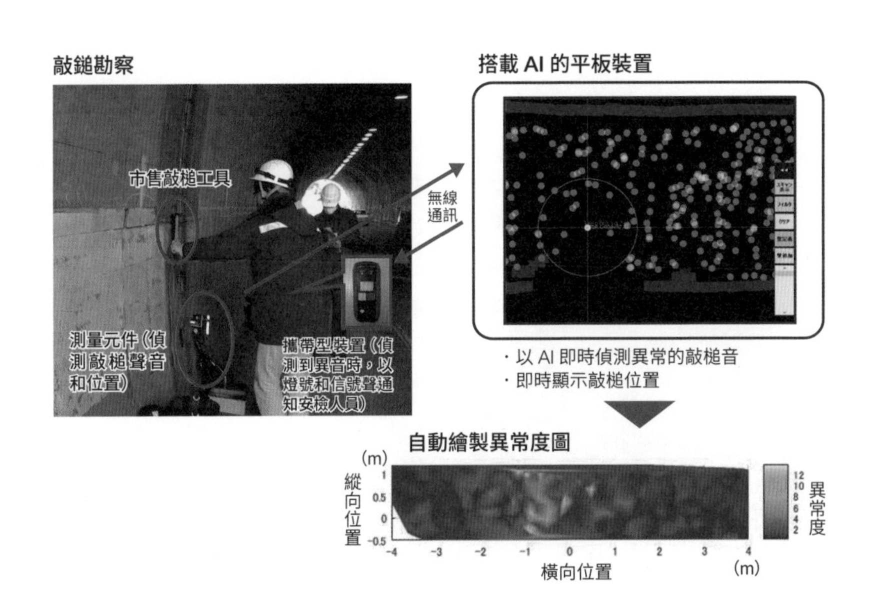

圖　AI 敲鎚勘察系統簡介
（資料來源：日本產業技術綜合研究所）

「川崎地質公司」研發了牽引式孔洞探測儀，可偵測到地面三公尺以下的孔洞。搭載多台「線性調頻脈衝壓縮雷達」(Chirp Radar)，解析度不變，探測深度卻是過去的二倍以上。不僅地面正下方，運作一次就能瞭解下水道管線周邊的孔洞分布情形。實施孔洞勘察時，以時速四十~五十公里的速度牽引勘察車，每隔五公分偵測地面下的狀況。每次調查範圍約二公尺，相當於一個車道寬。

「川崎地質公司」也與「富士通」公司共同研發出能透過人工智慧，自動從雷達蒐集到的影像偵測孔洞之技術。可以更有效率地從大量的影像中篩選出疑似孔洞的位置。

公共建設老化所造成的地下孔洞，也有引發道路坍塌的危險，目前日本政府和公家單位越來越常將孔洞勘察業務委外處理，「川崎地質公司」表示，委外業務規模每年上看二十億日圓。

圖 牽引車(左)和搭載線性調頻脈衝壓縮雷達的孔洞探測車

(照片來源：川崎地質公司)

◆新建築材料克服生鏽的弱點

使用熱熔性樹脂，可降低成本

為了延長公共設施的壽命，日本陸續研發出許多不會生鏽的新建築材料。例如，以玻璃纖維或碳纖維與樹脂所結合而成的「玻璃纖維強化塑膠（FRP）」，具有高強度、重量輕且不會生鏽等優點，是最適合取代鋼筋加入鋼筋混凝土的材料。

傳統的建築材料是鋼筋混凝土，由便宜且能抗壓縮的水泥和抗拉強度高的鋼筋所結合，目前仍然是公共設施的必備材料，然而，包覆在水泥中的鋼筋一旦接觸鹽分或水分，就會生鏽膨脹，導致水泥龜裂。若有更多鹽分和水分從龜裂處侵入內部，更會加速建築物劣化。

新材料「FRP」就能解決鋼筋的問題。但日本國內自二〇〇〇年首度使用「FRP」建造沖繩縣的陸橋之後，就沒有再應用於建設主體建物。這是因為「FRP」硬化時間長，混和樹脂和纖維後必須加熱，固化後需再降溫，三道工程導致製造成本居高不下。但最近「FRP」能改以聚乙烯和聚丙烯等熱熔性樹脂來成形，因此重生為嶄新的建築材料。

熱熔性樹脂有遇熱會軟化變形、冷卻後會固化的可逆性。運用這項特性，可讓加熱過的樹脂浸泡在纖維中，之後只要再冷卻即可，僅需兩道程序。由於可連續成形，因此能降低製造成本。傳統的「FRP」則是使用環氧樹脂等固化後再加熱也無法溶解的熱固性樹脂。

以金澤工業大學為核心的組織，展開「運用革命性材料建造次世代基礎設施」之計畫，目標是將熱熔性「ＦＲＰ」應用於建築物中較長且大型的主結構上。此計畫入選二〇一三年科學技術振興機構的研究支援計畫「革命性創新創出項目」（ＣＯＩ）。金澤工業大學革新複合材料研究開發中心的鵜澤潔所長充滿熱忱地說：「希望最後能提高百倍生產力，將成本降低至十分之一」。

目前日本各地從北海道到沖繩縣，都在進行暴露試驗，以檢測樹脂在各種氣溫、濕度、紫外線下的耐久性。日本也改變「ＦＲＰ」的樹脂和纖維結合比例，實驗多種「ＦＲＰ」棒材與水泥的附著度。將試驗樣品長期浸泡在低溫和高溫的水中，調查樹脂的性能變化等。

使用熱固性樹脂的「碳纖維強化塑膠」（ＣＦＲＰ），比熱熔性樹脂更早被使用於真正的橋樑建設上。二〇一七年在福井縣內的清間橋，試驗性地用「ＣＦＲＰ」斜撐來補強橋樑結構。福井縣產業勞動部地區產業・技術振興課參事後藤基浩表示，「這是日本國內首度使用『ＣＦＲＰ』的成形品作為橋樑的次要結構」。

福井縣內企業「SHINDO」將碳纖維編織成格子狀，運用同縣內「FUKUVI 化學工業」研發的拉擠成型加工法，製作了部分的建材。此處使用在橋樑上的建材，最多疊了二十層纖維。成形時，也在碳纖維上加疊玻璃纖維以控制成本。

就建築工程來看，要檢測新材料是否能實際用於施工現場，這點非常重要。

圖　FRP 棒材附著度實驗樣品
（照片來源：《日經土木工程》雜誌）

在福井縣內的清間橋進行試驗性施工時，使用內迫式高強度承軸螺栓，來接合「CFRP」和既存的鋼樑。由於必須在施工現場將建材打孔等，施工程序繁複，因此未來也將試著使用接合作業更簡單的「摩阻型螺栓」。

除此之外，由於碳纖維的重量只有鐵的四分之一，建築業界已活用此輕盈特性，大幅提升生產力。雖然目前最長的碳纖維建材僅三公尺，但重量只有三十三公斤。只要兩個成人即搬得動的重量，適合進行人力施工。裝上斜撐後，再測量施工前後的橋樑重量變化。

根據日本經濟產業省估計，日本全國共有十四萬座超過十五公尺的橋樑，其中已有三千四百座以上的橋樑需要更換斜撐、

圖　用 CFRP 斜撐來補強清間橋的結構

（照片來源：《日經土木工程》雜誌）

橫樑、側向支撐等次要結構，或補強主樑。雖然目前還不可能全都用「CFRP」替換，但仍可預期「CFRP」的需求將會相當大。

（採訪協助：《日經土木工程》雜誌 副總編輯　瀨川滋）

跨領域發展的VR・AR技術

運用VR・AR解決各領域的問題

大和田尚孝
《日經電腦》雜誌 總編輯

隨著美國「微軟」的「HoloLens」和日本「Sony」的「Play Station VR」等產品問世，「VR」（虛擬實境）和「AR」（擴增實境）儼然將成為未來日常生活的一部分。

「VR」（虛擬實境）是指創造出現實中不存在，或者人們通常無法體驗到的虛擬世界。一般而言，要帶著「頭戴式顯示」護目鏡才能進行VR體驗。由於護目鏡中搭載感應器，所以使用者的視野會隨著頭部動作改變，感覺就像自己身處於虛擬世界裡。

另一方面，「AR」（擴增實境）是把虛擬影像套用在現實世界，擴增實境的技術。例如穿戴智慧眼鏡後，會看到現實世界與眼鏡螢幕上顯示的動畫和影像融合在一起。

二〇一八年，VR、AR的應用在各產業中可說是遍地開花。「想要看到這樣的情境」、「希望兩樣東西可以出現在同一個畫面」，這些消費者的期待，未來VR和AR也將實現，打造出現實中的「理想世界」，解決各種問題。業界對VR、AR的期待甚高，將相關技術應用在產業上已是普遍現象。或許，「虛擬世界」再也不虛擬了。

◆在產品研發中導入VR設計

在設計階段就能實際體驗產品

如果是製造業，在商品研發的階段，即可應用VR技術。例如，「三菱重工業」就活用VR來設計堆高機。只要戴上3D眼鏡，實體大小的立體堆高機就會立刻出現在眼前。由於眼鏡上面有感應器，所以影像會隨著視線移動而變化，臨場感十足。設計專員可以藉此「檢視零件配置是否妥當」、銷售人員則可以「判斷產品外觀是否討喜」等。

三菱重工業也將VR應用於渦輪增壓器的設計上。透過擴大顯示渦輪增壓器，可檢視微小細節。渦輪增壓器可加大送入引擎的空氣的密度，改善燃燒效率，體積約幾十公分大。

藉由VR擴大顯示，感覺就像直接進到渦輪增壓器的內部做檢查。由於是依據數值模擬的結果來顯示外觀，所以有助設計人員獲得靈感。也可以針對有問題的部分，進行修改、重新顯示並再次檢測。

圖　微軟 HoloLens
（圖片來源：美國微軟）

過去在製造機器時，無論是設計、生產或銷售人員，都只能根據其2D或3D的CAD繪圖數據想像實體。設計人員或許還能描繪出具體的樣子，但生產和銷售人員則比較難以具體想像，甚至有可能在製造階段或賣出成品之後才發現問題。

當然可以先做樣品來避免這類問題，不過製作樣品還是要花時間和成本，反覆製作樣品其實是不切實際的做法。未來若將VR應用於商品研發的設計階段，則可解決這類困擾。

◆建築業結合VR設計

可觀看模擬完成的建築物

建築業和製造業一樣，希望看見實際成品。建築師對於建築物完成後的樣子心裡有底，不過發包業主可沒這個能力。

尤其是作為特定用途的建物，最重要的是完成後必須具備特定的功能。

但是，很難在設計階段就檢測建物的功能。因此「建築設計結合VR」可以有效解決這個問題。

對於功能檢測有強烈需求的建築物之一，就是資訊系統伺服器和儲存裝置專用的「機房」(data center)。散熱是機房最重要的功能，如果能夠有效排出伺服器等的熱氣，即可節省電費，反之電費可能會相當驚人。

若運用建築VR設計，可以模擬配置伺服器和儲存裝置後的機房氣流變化，以形狀示意結果。設計人員於設計階段時即可在模擬空間中走動，檢查「散熱效率好不好」、「是否有熱氣聚集」等項目。

透過VR，可以看到機房的散熱情況；若換成音樂廳，在設計階段就能實際感受「聲音」變化。在音樂廳聽到的聲音，會隨著座位不同而改變。相關人員在設計階段就可以透過VR來比較「一樓十五排左邊的位置」，和「二樓中間最後一排的位置」在視覺和聲音上的差異，並體驗臨場感十足的音響效果。

◆醫療教育結合AR・VR學習

可動手執行虛擬手術訓練

醫療界也相當關注AR和VR的應用。利用3D全像投影技術，可讓教材呈現真實感，提高學習效果。

其中一例就是美國凱斯西儲大學（Case Western Reserve University）與「微軟」公司共同針對醫學院開發出的教育應用程式。運用微軟的頭戴式顯示器「HoloLens」，將等身比例的人體投射在眼前，讓使用者可以透視其肌肉、血管及骨骼等。

學生不僅能用眼睛看，還可以放大或旋轉3D影像，在真實感中學習教科書中難以理解的醫療知識。並且，系統還會以不同顏色區分腦神經的功能，有助學生學習複雜的腦部構造。

另外，在VR醫療教育上，還可以製造虛擬的手術室，將患者投影為立體模型，可以進行虛擬手術。利用觸控感應器，體驗拿手術刀和縫合時的感覺等，進行極具真實感的模擬手術。例如，加拿大的「Concur Mobile」針對外科醫師研發出可進行模擬手術，培養手術觸感的VR系統。

以往的準醫師是在大學醫學院學習知識、從臨床醫學課程中學習如何診療，學生僅能透過教科書中的圖片來理解人體構造，難有具體的想像。即使使用影片教材，效果也有限。在診療方面，外科醫師更是很少有機會能實際動手進行手術。這就是VR醫療教育的可貴之處。

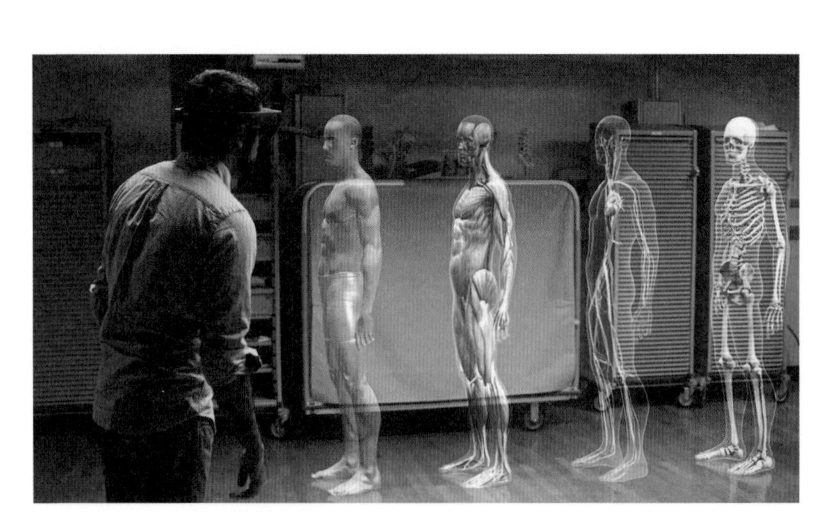

圖　用 HoloLens 投射出的 3D 立體全像

（資料來源：美國微軟）

◆AR支援物流配送

透過智慧眼鏡將需要確認的資訊提供給送貨員

「AR支援物流配送」是指利用AR減輕送貨員的負擔。請送貨員隨時配戴智慧眼鏡，並將「裝貨方式」、「包裹內容」、「重量」、「收件地址」、「貨物處理方式」等送貨的必要資訊顯示在眼鏡上。有了這些資訊，即使是菜鳥送貨員也能提高配送效率。

除此之外，也可以透過AR技術，將必要資訊投射在貨車的擋風玻璃上。例如，「包裹保存狀況（貨櫃箱溫度等）」、「車子運轉狀況」、「路線導覽（塞車資訊、替代路線）」等。

目前物流業的送貨員人手嚴重不足。這是因為很多人都很自然地在網路上購物，而且各EC（電商）的賣家也多半希望能縮短物流時間，這些都加重了物流業者的負荷。

裝貨時若能更用心和注意重心，有助順利卸貨和防止貨物倒塌。而在運送特定貨物時，更要管理貨櫃箱溫度和濕度。除此之外還必須避開塞車路段，選擇適當路線等等，送貨員要留意的資訊如此繁複，也是導致缺工的原因之一。若能透過「AR支援物流配送」，或許就能減輕許多送貨員的負擔。

◆VR購物

彌補電商購物平台的不足

網路購物的興盛，是導致物流業人手不足的最大原因，不過電商網站也有其弱點。其中之一就是消費者無法實際觸摸到實品。我想很多人都有過這樣的經驗，就是在網路上買到「尺寸不合」、「和自己的風格不搭」的衣服。

網路購物另一個缺點，則是購物逛街的樂趣不如實體店面。實體店鋪可以花費心思陳列商品來增加消費者的購物樂趣，但電商網站在這部分則比較受限。

「VR購物」就可以補足網購的弱點。打造虛擬店鋪，可讓消費者宛如置身於實體店面，提供消費者更多的購物樂趣。

中國的「阿里巴巴集團」就是採用了VR購物系統。中國消費者戴上頭戴式顯示器後，即可透過該公司的展示影像進入模擬空間，立刻移動到位於美國紐約時代廣場的知名百貨公司。消費者可以在店內走動、挑選商品，而且不必開口，只要點個頭，就能將商品放入購物車。透過VR購物，即使人在中國也能立刻到美國的百貨公司逛街。

◆AR試穿系統・VR試乘系統

克服實體店鋪的弱點

前面列舉過網購的弱點，其中之一就是無法試穿。實體店鋪中提供的試穿服務是相對於網購的優勢，但實體店鋪也有其他試穿的問題。例如帽子和眼鏡等物品，只要拿起來就能試戴，但是襯衫、裙子就必須到試衣間試穿，有的人會覺得這樣太麻煩。此外，有些商品還可能會遇上尺寸斷貨、現場顏色不齊等狀況，想試穿都不行。

另外，當消費者到汽車銷售中心賞車時，不光是價格和設計，也會希望透過試乘，實際體驗駕駛的感覺。然而，能試乘的車款有限，不一定可以試乘到自己喜歡的車款，也可能要排隊等試車。

有了「AR試穿」和「VR試乘」技術，就可以解決實體店鋪的這些問題。

日本的「凸版印刷公司」就結合了電子看板和AR技術，推出「虛擬試衣間」(Virtual Fitting)服務。顧客選好衣服後，站在電子看板前，系統會從鏡頭拍攝的影像掌握顧客的骨架，自動調整好衣服尺寸，再將衣服影像套在顧客身上。輕輕鬆鬆就能進行虛擬試穿，試到滿意為止。

「VR試乘」則是可以在虛擬空間中模擬駕駛。例如，顧客可選擇在國外街道或高速跑道等地方試車，還可透過VR試乘多種車款，有助提高購車意願。

◆AR廣告

在虛擬空間打廣告

AR是廣告業界的重頭戲。結合現實空間和虛擬空間的廣告宣傳，更能產生如虎添翼的效果。不過，必須先製作「AR標識」(AR Marker)，才可以將消費者誘導至AR體驗中。以往傳統的平面廣告是加入QR碼，讓消費者用手機掃描。

專門提供貼紙等特殊印刷的「八光社」，推出了無需QR碼的AR廣告技術。他們將照片和名片等當作AR標識，預先登錄到八光社的系統，消費者只要開啟手機APP，掃描其照片和名片，就能連結到特定網站、播放影片或音樂。

另外，英國的「Kudan」公司則研發出不需要AR標識的「Kudan AR Engine」軟體。透過搭載此軟體的平板裝置鏡頭，即可將電腦動畫（CG）廣告投影在桌面上，與桌面的影像重疊。平板裝置越靠近桌面，CG圖像就會越大，反之則越小。這種技術的原理，是從鏡頭捕捉到的空間，去辨識鏡頭位置。

Kudan 的軟體也可以應用於「具有AR標識」的環境中。例如，若將CD封面作為AR標識，在平板上播放CD時，動一動CD即可跳到下一首。

◆ＶＲ教材

帶學生環遊世界或回到過去

若在學校中使用「ＶＲ教材」，可以讓學生走進歷史發生的場所，或擁有前所未有的體驗。例如，日本的小學生可以到埃及參觀金字塔或到太空旅行。美國「Google」公司也針對教育機構發表ＶＲ工具「Google Expeditions」，學生只要在課堂上配戴頭戴式顯示器「Google Cardboard」，就能進入虛擬空間。透過ＶＲ顯示器，學生就像置身於「世界遺跡」、「南極」、「國際太空站」等地方。

美國「Unimersiv」公司也推出了ＶＲ教育應用程式「Unimersiv」。在「實際體驗有助於提高學習能力」的發想下，研發的「人體循環系統之旅」、「太空旅行」等ＶＲ教材都廣受好評。

圖　Kudan AR Engine 的展示畫面

◆VR旅行

坐在家中也能體驗旅行

「VR旅行」是指模擬具有真實感的觀光場景。消費者可透過「VR旅行」事先預覽和體驗旅行地點，刺激旅行意願。

例如，日本「H·I·S」旅行社旗下專營夏威夷旅遊的公司，其店裡就有提供夏威夷旅行虛擬體驗的VR旅行設備。使用者可以透過4K影像和高解析音源（Hi-Res），體驗到絕佳的臨場感。

除此之外，日本電信公司「KDDI」也與「Navitime Japan」公司合作，推出遠端旅行服務「SYNC TRAVEL」。使用者只要在家戴上頭戴式顯示器，就能連結位於旅遊景點當地的導遊，同步遊覽各地名勝，體驗真實的旅行。甚至還可以透過導遊在當地百貨或伴手禮店內購物。

◆AR觀光

到日本奈良縣明日香村，體驗飛鳥時代的歷史遺跡

歷史觀光景點或名勝古蹟，總是會吸引眾多人潮，但在現實中，可能僅剩部分建築遺跡是真的從古代就被保存下來，有些甚至早就化為烏有了。

如果是歷史迷，在參觀這類景點時應該還是會興奮不已，但如果是對歷史不熟的遊客，來到這類景點可能會覺得興趣缺缺。

透過「AR觀光」的技術，就可以解決這樣的問題。AR可將遺跡現場結合歷史事件，打造出虛擬空間，讓觀光客彷彿置身於歷史場景中。

東京大學的「池內・大石研究室」所主導的「虛擬飛鳥京計畫」，就是將古代日本的CG影像與日本奈良縣明日香村的景觀重疊，該地點被認為是日本飛鳥時代的政治和文化中心「飛鳥京」之所在地。

研究者在當地架設三百六十度的攝影機，拍攝真實景色後，與古代飛鳥京的CG復原影像重疊，可重現於平板或頭戴式顯示器上，供遊客體驗。

另外，「AsukaLab」公司也與「近畿日本 Tourist」旅行社共同推出「江戶城天守閣與日本橋3D復原之旅」的企劃。讓旅客只要戴上智慧眼鏡，就可以看到日本江戶城復原的CG圖與眼前的現代感皇居重疊後的景象。

從娛樂產業延伸到產業界的VR和AR應用

VR和AR體驗原本是應用於以遊戲為中心的娛樂產業。現在雖然也有延伸至IT、IoT及通訊等領域，廣泛應用於各領域中，不過原本的娛樂產業也不斷更新相關技術。例如「VR娛樂」系統的發明，讓使用者不必親身前往音樂廳，就能享受如同親臨現場的音樂享受。

而「AR娛樂」則可以在觀賞舞台表演時，透過智慧眼鏡為觀眾介紹與演出相關的資訊或劇情。甚至還能提供英語等外語解說，讓外國人也能看得懂。欣賞歌劇、歌舞伎、能樂等表演時，若能透過眼鏡同步收看相關的知識，就能提升鑑賞樂趣。

「AR娛樂」的實例之一，就是「大日本印刷公司」曾在東京的寶生能樂堂試行過「智慧眼鏡AR能樂鑑賞系統」。觀眾只要戴著智慧眼鏡，畫面就會顯示登場人物說明。其文字的位置不僅不會遮到舞台表演，還能精準地配合表演節奏適時出現。

（日經BP社　數位編輯部　松山貴之）

圖　東京・寶生能樂堂試用過的智能眼鏡 AR 能樂鑑賞系統（資料來源：大日本印刷公司）

參考文獻：《VR・AR・MR 最前線》(EY Advisory & Consulting，日經 BP 社出版)

物聯網創造「物品間的連結性」

結合IT與FA，打造「智慧工廠」

山田剛良
《日經製造》雜誌 總編輯

若能連結工廠與工廠、工廠與人，就能提升工廠的生產力並創造新價值。為了「創造物品的連結性」，業界結合了IoT（物聯網）、AR（擴增實境）等IT技術、協作型機器人、3D列印等新型機械、然後與既有的FA（工廠自動化）系統及生產系統融合。這樣一來，製造業的工廠也積極展開各種新型態的生產線。

◆IoT工廠

蒐集過去無法取得的數據，提高生產力

「豐田汽車」（TOYOTA）於愛知縣豐田市的高岡工廠，試行「IoT工廠」計畫。此計畫的優點之一，是可以在車體零件沖壓成形的過程中，避免鐵板裂開。

將材料放入沖壓成形機前，先以感測器去測量板壓等會影響成形的因素，與事先設定的閾值比較後，再判斷是否可以放入材料。

傳統的方式是靠人力透過目視檢查找出破裂的鐵板，發現瑕疵之後，再檢查材料、形狀及設備。現在則可以分析測量數據，依據結果改善材料和沖壓成形機的設備。

雖然運用了物聯網技術來掌握、分析材料，但豐田汽車認為「IoT不過是一種工具。利用數據的始終是人」，依數據分析結果改善流程，期盼透過這樣的機制來培育人才。豐田認為「透過物聯技術結合具備優勢的豐田生產系統（TPS）和人力，可以提高生產力」。

連結全部工廠，大幅提高生產力

「電綜公司」（DENSO）即將挑戰的遠大目標，是在二〇二〇年以前，要連結全球一百三十多個工廠，將生產力提高至比二〇一五年多出30%。

首先，該公司透過網路連結了各類機器和系統。將工廠、生產線、生產設備連結起來，蒐集數據後，運用人工智慧（AI）進行大數據分析。

電綜將分析數據、獲得見解並提升生產力的人員稱為「知物者」，也就是熟悉工廠製造的產品和工廠設備的人才。由此也可一窺電綜重視人才的態度。

工作用機械製造商「山崎MAZAK」，推出了以網路連接生產設備的「iSMART 工廠」。二〇一五年在該公司總公司旁邊的大口製造所，導入此工廠來連結工作用機械等生產設備，可即時掌握各種現場數據，只要分析數據，就能決定維護設備的最佳時機。同時，該公司也利用機器人節省人力。

研發生產換氣扇、抽油煙機、隧道風機等設備的「松下環境系統公司」(Panasonic Ecology Systems)，為了縮短交期和生產前置時間，建立了資訊系統，讓生產子公司「松下環境系統 Ventec」的小矢部工廠可以共享松下環境系統公司的訂單資訊，以創造共榮的前景。他們表示，有了這套系統，「就更能妥善地回應顧客需求」。

讓資訊快速地流通到生產零件的子公司，便可即時因應生產延遲等問題。

圖　山崎 MAZAK 大口製作所內，一整排連結網路的工作用機械

◆協作型機器人

無須用柵欄隔開，機器人可在人的身旁一起作業

「IoT工廠」雖然最終還是由人力支援、連結各種生產程序，但業界也期待能同時運用機器人來提高生產線的流暢度。特別是不須以柵欄隔開、可直接在人的身旁一起作業的「協作型機器人」廣受矚目。

德國車廠「BMW」就運用德國機器大廠「KUKA」的協作型機器人「LBR iiwa」，來輔助將齒輪鑲嵌至元件的基礎零件上。目的是確保人員安全，避免齒輪受損，提高品質。原本是由作業人員拿起約四．七公克的齒輪，鑲嵌至基礎零件上，但過程中容易夾到手指受傷，或撞到零件而導致齒輪受損。

化妝品公司「資生堂」也採用「川田 Robotics」的雙臂型協作機器人「NEXTAGE」，來執行粉末類化妝品的裝箱作業。此機器人可負責超過二十種化妝品（粉餅等）的裝箱作業。而且機器人可以和人在與以往相同的空間中分工合作。

家電大廠「日立」將丹麥「Universal Robots」公司推出的協作型機器人「UR10」應用於家用電鍋內蓋的生產線上。過去要由兩名作業員共同改善生產效率，現在則引進協作型機器人來提高生產力。

圖　德國 BMW 將協作型機器人「LBR iiwa」運用於生產線上

圖　資生堂將二台協作型機器人「NEXTAGE」導入掛川工廠

目前，協作型機器人的導入對象，已從原本就有運用機器人的機械、汽車、家電用品的製造工廠等，擴及到其他產業了。

例如大型牛丼連鎖店「吉野家」，也將協作機器人「CORO」導入廚房，此機器人由「Life Robotics」出品，「豐田汽車」和「歐姆龍」等知名廠商也使用過同一公司生產的機器人。「CORO」是負責將由員工洗淨的碗盤收納至特定位置，以及環境清潔工作。吉野家的員工原本要包辦服務客人、洗碗、清潔等工作，往後員工只需要接待客人，而由「CORO」收納洗淨的碗盤。

二〇一五年日本修正了日本工業規格（Japanese Industrial Standards，JIS），因此日本的機器人廠商紛紛藉此機會，搶進協作型機器人市場。

依據此次修正的JIS規格，未來只要能通過風險評估，證實沒有超過危險標準的話，符合特定條件的機器人，都可以和人在同一空間工作，不需要像以往的工業機器人那樣，為確保安全而以柵欄隔開。

使用協作型機器人的目標，是「輕．薄．短．小」。也就是：減輕作業員的負擔（輕）、連不熟悉機器人的人也可以操作（關係淡薄）、可縮短生產線的運作時間（短），以及可縮小生產空間（小）。

圖　吉野家導入廚房的「CORO」協作型機器人

◆金屬3D列印機

用3D列印做出實體金屬零件

除了協作型機器人，掀起製造業現場變化的技術還有3D列印。3D列印的優勢，包括可以更簡單地製作形狀複雜的物品、降低改變形狀的成本和時間，還可以直接將3D數據運用在造型等等。其中的新寵兒，就是以金屬取代樹脂的「金屬3D列印機」。

二〇一七年五月，在美國匹茲堡的3D列印展上，所有人的目光也都是聚焦於金屬3D列印機。美國「奇異公司」（通用電氣公司，General Electric，GE）在展覽中說明公司的基本方針，宣告他們正在利用金屬3D列印機製造飛機引擎零件。並表示「隨時隨心所欲列印零件的技術，可能會翻轉包含供應鏈在內的整個製造業生態」。

GE公司於二〇一六年陸續收購兩家位於歐洲的金屬3D列印機製造商，包括來自瑞典的「Arcam AB」和來自德國的「ConceptLaser」。這兩家公司研發的都是「粉體熔化成型」的金屬3D列印機。其原理是將金屬粉末反覆局部加熱壓平，使粉末融化、黏結、沉積。GE共斥資十億美元來收購這兩家公司。

除了收購兩家公司，GE也已經耗資十五億美元在3D列印的研發上，預估未來十年內3D列印技術將可為該公司節省三十億～五十億美元的成本。

GE不僅將技術應用在公司內部，也將3D列印的事業版圖拓展至外界，計畫二〇二〇年以前將營業規模提高至十億美元。

和GE一樣在匹茲堡3D展上受到萬眾矚目的，還有創業於二〇一五年的美國金屬3D列印業者「Desktop Metal」。該公司的出資者，是在美國和以色列皆設有總部的「Stratasys」公司。

「Desktop Metal」推出了兩款金屬3D列印機，小型機種可放在辦公室，大型的則用於批量生產。小型機種是由書桌大小的列印機、燒結造型品的燒製器等組成。製作產品時，是利用列印機成形後，再燒結成零件。

大型機種則涵蓋了完整的3D列印流程：從噴頭掃描一次造形面後，將平鋪的粉末硬化固定，到噴塗黏著劑、陶瓷粉體材料的非燒結層、造形層乾燥等程序，皆已完備。

「Desktop Metal」的出資者「Stratasys」在匹茲堡3D展上宣布，「Stratasys」的代理商將開始販售「Desktop Metal」的金屬3D列印機。「Stratasys」表示「運用3D列印機來進行設計和製造的企業，相當期待能同時以樹脂和金屬來造形。如果辦公室環境和實際的生產環境中，都能列印樹脂零件和金屬零件，就可以加快產品的研發週期」。

圖 美國 Desktop Metal 的小型 3D 列印機「DM Studio Printer」

圖 燒結成形品的「DM Studio Furnace」

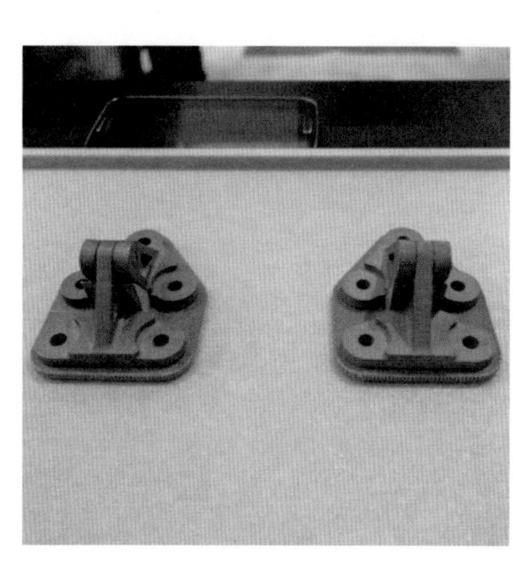

圖 成形物件燒結後變成零件

圖 用於批量生產的大型金屬 3D 列印機「DM Production System」

◆將ＡＲ應用於製造業

從設計到生產現場，都能應用ＡＲ

在創造物品連結性的過程中，「擴增實境」（ＡＲ）是支援人力的技術。就如同在前面相關章節所說明的，ＡＲ早已被廣泛應用於各產業。

ＡＲ技術可以將真實的景色和３Ｄ的ＣＧ虛擬圖重疊，日本正積極活用。其中一例就是由「Canon」研發的「MREAL」系統。該系統以汽車製造和設備大廠為中心，導入系統後可以在設計階段就透過ＡＲ檢測產品的操作性和工廠的作業流程。

「MREAL」系統是以隱藏在頭戴裝置中的攝影機拍攝現實世界，再用電腦合成照片與３Ｄ模型，投影於頭戴裝置內的顯示器。

「MREAL」系統的特色之一，就是可以表現出真實世界和虛擬影像的前後關係。針對事先登錄的特定領域，可以判斷真實影像和虛擬３Ｄ物件的前後關係，控制顯示或關閉３ＤＣＧ圖。例如，可依照位置變化，將現實中的手或工具影像，隱藏在３Ｄ模型後面。

使用這個功能來檢測產品的操作性，就可以更精準地掌握手、開關以及把手的位置。在工程設計的部分，則可以更容易地確認作業員的姿勢和操作把手的流暢度，或是測試手、工具能否伸入縫隙。

另一方面，來自瑞典的「富豪汽車」（Volvo）也宣布引進「微軟」的AR技術「HoloLens」。在透明的頭戴式顯示器上，可重疊現實世界影像和3D影像。這樣一來，就可以將汽車的3D模型投影在工廠裡，給予作業上的指示。

日本「微軟」表示，「此技術可廣泛應用於服務業的現場指示、加工模擬、預先討論現場安裝作業等方面」。

「富豪汽車」（Volvo）目前正計畫用「HoloLens」技術打造虛擬展車空間，提供來店賞車、有購車意願的消費者體驗式服務。消費者可配戴「HoloLens」頭戴式裝置聆聽車款介紹，並透過AR改變想要的車體顏色、加購配備等。除此之外，該公司也預計將此技術應用於指揮工廠生產。

圖　Volvo 運用 HoloLens 的示意圖

打造整體產業的全新面貌

如同我們前面所看到的，全球都在連結工廠與工廠、工廠與人。各國因應這樣的趨勢，紛紛祭出口號和產業政策。

其中包括德國喊出的產官學一體「工業4．0」（Industry 4．0）、美國以「GE」為中心的「工業網路」（Industrial Internet）、中國則有「中國製造二〇一五」。

日本經濟產業省於二〇一七年三月在德國漢諾威舉辦的「CeBIT 2017」資訊及通訊科技博覽會上，向世界宣布了「Connected industries」，提倡「日本產業社會的目標」，表示「將藉由讓不同的人、物、機械、系統的互相連結，營造出能創造新附加價值的產業社會。」

日本製造業的GDP在一九九七年高峰期占約一百一十四兆日圓，後來慢慢減少，到了近幾年降至約九十兆日圓。

若深究製造業GDP數據的變化，除了輸送機械設備和一般機械的GDP成長停滯之外，電氣機械器具類的GDP更是明顯下滑。不僅要重新檢討製程，也必須更重視「Connected industries」的概念。

德國與日本在二〇一六年春天決定展開國家級的合作計畫，共同致力於網路安全和國際標準化等領域。「Connected industries」也在其中，預期能加快日本產業互相連結的腳步。

相較於德國的「工業4．0」，日本政府提倡「社會5．0」。日本經產省表示，「工業4．0」是「技術革新」，「社會5．0」則聚焦於「社會改革」。新倡議的「Connected industries」概念則是「理想的產業生態」，運用「工業4．0」的新技術，實現「社會5．0」所提倡的智慧型社會。

超越物品互聯互通的IoT概念，藉由連結人、機器及系統，希望打造出實現新價值的產業生態。日本經產省認為「解決導向和人本將成為重要的思維」。未來也將擬定具體政策以實現「Connected industries」。

（編輯協助：日本經濟新聞社　東京編輯局　數位編輯本部　田野倉保雄）

跨領域合作，蛻變中的建築技術

追趕全球建築技術革新的日本

淺野祐一
《日經住宅建設》雜誌 總編輯

你聽過「普立茲克建築獎」（The Pritzker Architecture Prize）嗎？這是由凱悅酒店集團（Hyatt Hotels Corporation）所創辦的建築獎，被譽為建築界的諾貝爾獎。近年來日本的許多建築師都在這個獎項上大放異彩。

二〇一〇年以後，獲頒該獎項的日本建築師，包括坂茂（二〇一四年）、伊東豊雄（二〇一三年）、妹島和世及西澤立衛，共四人（妹島和世是和西澤立衛的建築團隊「SANAA」共同獲獎）。若往前推及一九九〇年前後，還有丹下健三（一九八七）、槙文彥（一九九三）、安藤忠雄（一九九五）等三人也曾獲頒此獎項，就全球來看，日本的建築師表現極為出色。

從近年日本建築師多次獲頒此殊榮來看，日本建築界的確實力雄厚。但若站在開發建築技術的立場去探討，日本其實正逐漸失去優勢。因為其他國家的建築界正在積極引進最新建材、機械、IT（資訊科技）等多元領域的先進技術，企圖創造建築的新價值。

從以下內容即可看出端倪。

◆木造高樓大廈

運用高強度的集成材蓋大樓，還能降低成本

提到建築界的新技術，最具代表性的案例，就是高樓層木造建築。近年全球掀起了一陣木構大樓熱，世界各國都積極投入研發木造建築的技術。主要原因之一，是為了減低環境負荷和促進地球環境再生。木材的重量輕，在搬運和施工時皆可減少碳排量。而且，木材本身就會吸碳，因此在當作建材使用時，能發揮固碳作用（編註：「固碳作用」是指，木材中的碳素來自樹木從大氣中吸收的碳，使用木材作為建材，等於將碳素固定在建材內部，有減緩溫室氣體濃度上升的意義）。

歐美國家已經開始利用木材的優點，將原本用於低樓層的木建材，用來建造六層以上的高樓大廈。例如二〇一七年加拿大完工的「Brock Commons」大樓，共十八層樓、高五十八．五公尺、建築面積達一萬五千平方公尺，是世界最高的木造建築，屬於加拿大不列顛哥倫比亞大學（UBC）的學生宿舍。一樓的柱子和支撐整棟建築物的兩個核心，都是使用RC（鋼筋混凝土）結構，二樓以上的柱子則使用集成材（編註：以切割的木材集結成的板材），樓地板用CLT（錯層壓木材）。內裝則使用石膏等建材，以確保防火性能。UBC表示該建築造價為五千一百五十萬加幣（約台幣十億），比一般RC建築多出約8％。

圖　即將完工的「Brock Commons」大樓（資料來源：KKLaw，naturally:wood）

圖　以木材與 RC 混構的「荷荷維也納塔」大樓（資料來源：右圖也是 Rüdiger Lainer+Partner）

二〇一八年以後還有不少即將落成的高層木造建築。例如奧地利二〇一六年十月動工、高八十四公尺、二十四層樓的木造摩天樓「荷荷維也納塔」（HoHo Vienna tower）。這棟高樓屬於複合建築，內部空間機能包括飯店、辦公室、住宅等，預計二〇一八年完工。瑞典也宣布要以木材和鋼的複合建材，打造出高三十四層樓的集合住宅。

◆質量木材（Mass Timber）

組合多種木材來增加強度

實現高層木造建築的技術之一，就是以「CLT」（Cross-Laminated-Timber）為代表的「質量木材」。「質量木材」是指組合多種木材來增加強度的集成材，近年來發展迅速，已邁入實用化。最具代表性的「CLT」是讓木材纖維呈直角交錯排列的層狀結構，是強度高的集成材，奧地利為主要發展地。

除了「CLT」，其他國家的木造建築業者也針對其他部分進行研發，包括如何合理處理柱子和樓地板接合部分的水平方向作用力、提升施工性的牆板、樓板接合方法、提升木材建築的隔音效果等。

實際上，並非只因為減輕環境負荷、振興林業、CLT等革新技術的推出，才引發全球的木造建築熱潮。最主要的原因之一，仍是因為木材的成本降低了。

我們利用經採訪得知的高層木造建築造價成本（含設計費等）和建築面積，得出通過原點的一次函數的趨勢線，顯示出高層木造（含混構）建築的每坪單價成本約二十七萬日圓。

隨著實用化的發展，CLT等質量木材的成本也會降低。國外甚至有CLT的價格只到日本幾分之一的案例。因此，國外的木造建築造價成本，已經越來越接近一般RC結構的建築物了。其實大部分國外的高層木造建築業者和設計師，皆預估高層木造建築的成本會高出RC結構5～10％。未來隨著實戰經驗不斷累積，不再需要繁複的設計流程等，估計成本可再調降。

除此之外，不受時間限制的優勢，也是國外選擇高層木造建築的原因之一。採用大量CLT的建築物，由於減少了水泥施工、配筋及養護等工程，因此可以縮短工期。而且，如果是已經加工成樓板、牆板等的CLT，就只要運到施工現場，以金屬零件接合即可。即使是不熟練的作業人員，也能迅速施工。工期短就能降低工程費用，及早啟用建築物，還能更快成為收益物件。

並且，選擇木造建築也比較不會受施工時間的限制。建築研究所的高級研究員槌本敬大指出，「在北歐等冬季嚴寒的地區，寒冬時期往往很難進行水泥施工」。

另一方面，日本和木造建築有關的火災相關法規鬆綁，也推動了高層木造建築的普及。日本的CLT協會業務推廣部部長中島洋表示，「一九九〇年以前，歐洲各國的木造建築基本上只有兩層樓高。後來隨著技術不斷更新，現在有越來越多國家都可以建造高層的木造建築」。有些國家還規定只要安裝消防灑水器，就能蓋高層木造建築。

相較於此，日本是地震頻繁的國家，若要求現行法規中和高耐震性能與自動消防機能有關的規定鬆綁，其實並不容易。但是，日本仍然對高層木建築的技術保持高度關心。因為，日本與國外一樣，都相當重視環境和林業振興的議題。

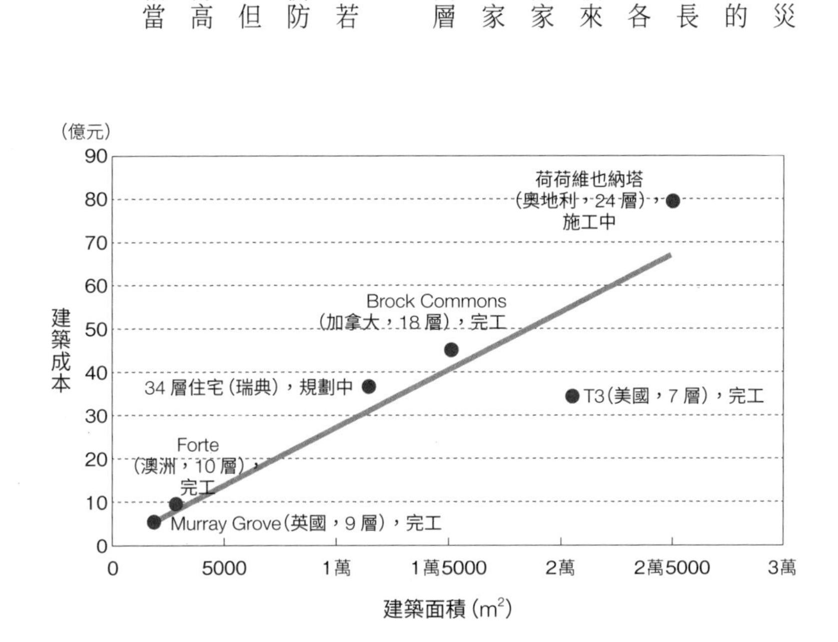

圖　主要高層木造建築的建築成本與建築面積

專攻木造建築的東京都市大學大橋好光教授表示，「如果一棟四層樓的房子具有一小時的防火時效，就已經是很有競爭力的框組壁式構造（2×4工法）。地方都市等地對四層建築有高度需求，因此木造建築的市場也將擴大」。

其實日本目前已經具備高層木造建築的相關技術。就大家所關心的防火性能方面來說，「大林組」等營造公司已經開發出讓十四層樓高層木造建築，具有二小時防火時效的技術。不過目前問題仍卡在成本太高。

此外，日本的「三菱地所設計」公司，也已大量使用木材作為建材。二〇一七年一月，在日本林野廳的補助下，他們規劃出以鋼骨結構為基礎，採用CLT作為樓地板的十層樓集合住宅。目前正在研究防震機能和混構的各種性能。預計二〇一九年三月完工。

法隆寺五重塔是日本知名的古老木造建築，其實與東京晴空塔在技術思想上是相通的，可見日本過去即有頂尖的高層木造建築技術。令人期待這種技術能夠捲土重來。

◆可自行修復的生物混凝土

由細菌自行修復裂縫

除了CLT等集成木材受到關注，也有人應用生物技術，研發出具革命性的水泥建材。

這是由荷蘭台夫特科技大學（Delft University of Technology）的副教授楊克斯（Henk Jonkers）所研發，他在水泥中加入芽孢桿菌屬的細菌，而發明出可自我修復的水泥。

自我修復的意思是，當水泥出現裂縫時，水泥中的細菌會接收到空氣中的水分和氧氣，接下來這些細菌就會自行吸收周圍的養分乳酸鈣，並開始分泌出碳酸鈣。自行產生碳酸鈣來填補裂縫，就可以讓水泥「再生」。

楊克斯副教授說，「雖然不保證可以恢復強度，但填補裂縫後可預防水氣侵蝕」。水可以喚醒細菌，否則這些細菌都會維持在休眠狀態。因為他使用的細菌在水泥呈強鹼狀態下，也不會死亡。

這項技術是應用了細菌會分泌碳酸鈣來固結岩石的大自然作用。除了與水泥混合使用的材料之外，可以修補水泥裂縫的水泥砂漿（mortar）和液體修補材料早已上市。

二〇一七年，「會澤高壓水泥公司」已取得此技術在日本的獨家販售權，並拓展了在日本國內的運用。

日本也相當積極地開發能預防水泥裂縫、及早修補以提升水泥耐久性的技術。這是因為日本越來越注重土木建築物等公共設施的重生，以及控制維護管理成本的問題。就像前面在〈徹底檢驗老舊公共建設　找出建築物內部毀損，全面更新〉章節中所提到的，目前大量公共建設都面臨老化，這已經是刻不容緩的社會問題。

在這種趨勢下，能利用生物功能進行自我修復的水泥，潛藏著龐大的商機。

◆運用3D列印技術，進行混凝土施工

價值百萬日圓的住宅，也能「列印」出來

建築施工的業界，也因為機械化的新技術而有了很大的變革。據點位於舊金山的美國「Apis Cor」公司，就利用3D列印機，實地列印出住宅。這間新創公司是3D列印技術的研發廠商，二〇一六年十二月，他們就在俄羅斯的斯圖皮諾（Stupino）打造了一棟建築面積達三十八平方公尺的平房。

其實在過去也有過以3D列印機印製零件、將零件搬到工地、組裝或在室內搭建實驗性建築物的案例，但現在這是在工地現場擺放3D列印機、直接列印出住宅的首例。

這棟平房只用一部3D列印機就打造出來，這部機器是以一組可三百六十度旋轉的桿臂噴頭為主體。透過桿臂噴頭的伸縮和旋轉，可以調整水泥輸出的位置。桿臂噴頭最長可伸至八．五公尺。噴頭以線狀輸出水泥，堆疊後即可形成建築物的形狀。雖然首棟在俄羅斯打造的3D列印住宅為同心圓狀，不過日後也可以在矩形平面上蓋房子。

以3D列印機列印牆壁時，會從水平方向加入棒狀的纖維材料來取代鋼筋、補強結構。並且，牆壁縫隙中會堆疊多層水泥，並添加隔熱建材。

運用這種3D列印技術來搭蓋建築物時，只需兩名人力即可操作列印機，而且時間短，

這棟俄羅斯住宅只花二十四小時就列印好了。「Apis Cor」公司強調由於工程時間短、施工人數少，因此住宅造價只要一萬零三十四美元（約一百五十萬日圓、四十一萬台幣）。

除此之外，能夠打造複雜的形狀，也是3D列印的優勢之一。透過3D列印技術，想要蓋出有複雜曲線的水泥建築物會變得更簡單，省去板模灌漿成形的程序。全球水泥業巨頭集團「拉法基霍爾森」（LafargeHolcim），就與法國3D列印建築系統廠商「XtreeE」合作，實現以3D列印機打造出水泥建築物的技術。相較於傳統工法，這樣能用更短的時間和更合理的價格，打造出形狀複雜的建築物。

拉法基霍爾森雖然沒有透露使用材料和施工價格，不過廣告部經理馬利．蒙雷諾表示，「用於建築物的柱子上，價格具有相當的競爭力」。

二〇一六年，該公司將相關技術應用於兩棟大型建築。其中之一是位於南法地區艾克斯（Aix en Provence）的中學運動場，支撐運動場屋頂的柱子就是由該公司製造的。呈現特殊形狀的柱子高四公尺、最大寬度達一．九五公尺。

該柱子僅用砂作為材料。壓縮強度參數尚未確定，但材齡二十八天，每平方公尺抗壓強度超過六十牛頓（newton），強度很高。

◆工地現場的機械化

解決日本的工人不足問題，是當務之急

其實在3D列印機出現以前，許多國家就已經在工地導入機械化施工技術了。

至於日本，由於政府期待建設業能活絡地方經濟和創造就業機會，因此過去政府和建設業者並沒有用積極的態度引進機械化施工。

然而，近年來日本國內的工地也掀起一波機械化浪潮。二〇一八年以後，這波浪潮更是加速發展。這是因為原本的技術工人日漸高齡化、人數減少，成為建築產業發展和品質的隱憂。引進機械化施工，有望重振因資深人員退休而衰退的建築產業，並提高生產力。

水泥樓板的施工，就是日本工地機械化一個實例。

日本營造公司「竹中工務店」徹底將水泥樓板施工機械化，以提升工地的生產力。目標是將「灌漿、整平、粉光」等三道工程分別以三種機械施工，將水泥樓板的工期縮短25%。該公司已在西日本機材中心配置機械設備，並運用於施工現場。

實施機械化的三道工程，施工順序如下。首先，是以日本國內少見的「背負式引擎水泥震動機」進行樓板灌漿。此款美國「North Rock」公司製的震動機是由引擎驅動的，不必像傳統電動式震動機一樣需要兩人配合拉取電源，因此施工人員可從三人減為一人。

灌漿後，使用「整平機」(screed) 進行整平作業。工人不必彎腰施工，可減輕身體負擔。在歐美國家，普遍都已經利用「整平機」來建造水泥樓板。

第三道工程則是「粉光」。這項作業通常會用到「鏝光機」，竹中工務店採用的是美國「MBW」公司生產的「輕量騎乘式鏝光機」，可提升施工速度和效率。過去，工人多使用手持式鏝光機來進行粉光作業。

以上這些機械化的成本效益，有待未來引進多種機械再做評估。

除此之外，日本「大成建設」也研發出水泥樓板專用的施工機械。

二〇一八年起，日本研發的革命性機械化施工技術，將大舉進入施工現場。「清水建設」於二〇一七年七月宣布，將引進多款機器人至工地，促進關西區的高層建築施工合理化。目標是減少施工困難和重複作業，並藉由機械化施工，節省70%以上的人力。

該公司使用的機器人，包括可伸縮桿樑、調整作業半徑的水平式起重機、柱銲接氣炬機器人、可在天花板和樓板以雙臂施工的多功能機器人、水平垂直搬運機器人等。以上各種機器人都可以依據平板裝置的作業指示，辨識自己的位置並自動進行作業。

由於運用這些機器人將可大幅節省人力，因此清水建設預計將機器人輪用於二、三個工地，以攤提折舊費用。

◆室內定位技術

整合LED照明系統與通訊功能，可在室內導航

不僅建築技術本身，世界各國也積極研發能提升建物機能的技術。來自荷蘭的「飛利浦」(Philips)採用「可見光通訊」的新技術，推出能掌握設施內的使用者位置，並將資訊提供給使用者的系統。日本也準備將國外的這套系統引進國內。

飛利浦所研發的定位系統，是搭配LED照明一起使用。利用LED發出肉眼無法察覺的閃爍信號，位於室內的使用者只要用手機等行動裝置的攝影鏡頭就能偵測到光。這樣一來，只要依據兩個發出閃爍信號的照明燈具位置等數據，就可以將使用者的位置標示在預設的館內地圖上。

已經有國外超市導入這個室內定位系統。除了法國「家樂福」超市的里爾(Lille)分店之外，還有阿拉伯聯合大公國杜拜的連鎖超市「Aswaaq」，也安裝了能與客戶通訊的照明燈具。啟用定位系統後，顧客就可以快速搜尋商品，並取得店內的商品位置。

日本飛利浦照明資深經理牧野孔治表示，「不只超市，就連交通機關、倉庫、生產設施等必須搬運物品的設施，都可以運用室內定位系統」。

飛利浦擬定的照明燈具導入成本，高出一般沒有定位功能的LED照明。並且，該公司預估一間店每年花不到一百萬日圓，就可提供照明定位管理系統和手機APP等服務。

定位的精準度高，也是該系統的特色。系統呈現的定位資訊與使用者所在的位置，誤差僅約三十公分。不只能利用光源當作可見光發射器來傳輸訊號並定位，還提供ＧＰＳ（全球定位系統）和手機內建的計步器等功能。

傳統僅利用ＧＰＳ的定位系統，平面誤差高達一～五公尺。並且也無法判斷人位於哪一層樓。若能結合新的室內定位系統和照明燈具，就能省去安裝專用器具和換電池的麻煩。

除此之外，也有利用「Beacon」（微定位訊號發射器）的室內定位系統。加裝「Beacon」就能提高精準度，但免不了安裝和更換電池的麻煩。

二〇一七年二月，「清水建設」、「日本ＩＢＭ」及「三井不動產」等三家公司共同採用「Beacon」技術，利用手機公開進行室內語音導覽試驗。

試驗範圍包括東京．日本橋室町地區「COREDO 室町」一～三區、東京地下鐵銀座線「三越前」站地下通道的部分區域、江戶櫻通的地下通道等，總計二萬一千平方公尺。訪客只要對著手機以語音說出自己需要的服務內容，人工智慧「IBM Watson」就會選定符合訪客需求的地點，以語音和畫面提供選擇。

訪客以語音選定地點後，系統就會開始帶路。

透過室內每五～十公尺就設置的「Beacon」，即可確認訪客的位置。清水建設等公司期望在二〇二〇年以前，也能在機場等空間設置此系統。

◆高斷熱窗

不僅隔熱，還能減少一半的玻璃重量

建築物的節能也很重要。窗戶是實現高效節能非常重要的關鍵。若要調節室內的溫溼度環境，必須要能斷熱，然而窗戶成了最大的弱點。歐洲等地區自古以來就不斷改善窗戶的斷熱性能，因此就窗戶的性能而言，歐洲產品的品質和水準往往高於日本。

但目前日本也推出了性能足以媲美國際的高斷熱窗。其中之一就是「LIXIL」於二〇一六年四月上市的高性能樹脂窗「Legaris」。採用全球首創的五層玻璃結構和窗框高性能化等多種新技術，熱傳透率符合國際標準的斷熱性能〇．五五瓦／平方公尺．度（W／m^2.K）。此窗戶的斷熱性能等同牆壁，即使增加開窗面積也不會影響室內的溫熱環境（溫度．濕度）。目前上市的產品中，有外推窗、固定窗及門等。寬六百四十公釐×高一千零七十公釐的直立式外推窗，建議的零售價為三十五萬日圓。

此價格是該公司的三層玻璃高性能樹脂窗「Erster-X」的五倍高，但若能使用此斷熱窗，可增加開窗面積，營造開放式空間。

目前已經有住宅選用「Legaris」。未來則希望寒帶地區的新成屋和高級別墅也能採用。

「LIXIL」與「旭硝子」（旭硝子顯示玻璃股份有限公司）運用了各自公司的技術，共同進行

產品研發。例如，為了打造五層玻璃結構，旭硝子應用了手機專用玻璃的薄板玻璃技術，研發出二公釐厚與一．三公釐厚的薄板強化玻璃，強度等級符合建築用標準。單位面積重量較輕，比起傳統三層窗需用三公釐厚玻璃加裝五層，新型強化玻璃的重量只有一半。

◆能改變工作方式的大樓

由於環境大受好評，使求職者倍增

企業除了透過改善辦公室空間以提升辦公機能，也希望能提高工作生產力，增進員工的滿意度。目前全球企業皆積極致力於改善辦公環境，促進組織再造與活化。歐洲號稱最具環保概念的辦公大樓「The Edge」，也是瞄準企業需求，「打造全新工作方式的大樓」。

二〇一五年啟用的「The Edge」位於荷蘭阿姆斯特丹，是一棟地下二層、地上十五層樓的辦公大樓，租戶為全球四大會計事務所之一的「德勤」(Deloitte)。「The Edge」由荷蘭的開發商「OVG不動產」公司打造，英國建築設計事務所「PLP Architecture」設計。

目前「The Edge」裡面約有三千一百名員工，但只有一千張桌子。大樓各處設置沙發座和咖啡廳等空間，取代固定的辦公座位。打造出ㄇ字型、縮小寬度、保持明亮光線的工作空間，藉由穿透各層樓的中庭，增加人與人互動的機會。

讓這棟建築物變得更適合工作的關鍵技術，就是ＩＴ。每位員工沒有固定的工作位置，而是透過手機找到空位和工作夥伴。手機中會記錄每一位員工偏好的溫度和濕度，並根據該員工之前選擇的空間，調節周圍環境。照明面板連接手機，可以正確偵測員工的位置。

大樓設計者「PLP Architecture」公司的總監相浦綠表示，「德勤公司對這棟大樓給予很高的評價，認為『The Edge 大樓也是團隊的一部分。有助於提升員工的工作動力』」。

自從德勤公司將辦公室遷址到「The Edge」後，「職位開放日」（Career open day）的應徵人數暴增了二．五倍，收到的求職履歷也倍增，其中約有62％的求職者，都是為了能在「The Edge」裡面上班而來應徵。

日本的「三井不動產」和「三井 Designtec」於二〇一七年三月發表以美國矽谷區為中心所實施的意見調查報告「ＵＳ辦公調查二〇一六」。調查結果顯示，能夠提升生產力的辦公空間，必須具備多元功能。

其中針對辦公室的空間設置，有九成受訪者回答公司應有「簡報室」和「專心作業區」。由此可見活用專心作業區和工作空間，由員工依工作特性主動選擇辦公環境的工作形式，已經相當普遍。

◆將碳纖維材料應用於耐震補強

使用纖維棒修繕善光寺

前面介紹了多種國外的建築技術，那麼日本是否有引以為傲的技術呢？日本可以向全球引以為傲的代表性技術，就是更新老化公共設施所必需的耐震補強技術。

近年已經有日本企業利用最新的纖維材料，提升老舊建築物的耐震能力。二〇一七年，善光寺就使用由纖維廠商「小松精練公司」和金澤工業大學革新複合材料研究開發中心所共同研發出的碳纖維複合材料「CABKOMA Strand Rod」，用來替許多古老寺院的藏經閣做耐震補強工作，這些藏經閣都是日本的重要文化財產。使用新的碳纖維材料，傷害木材的風險會小於傳統的鋼斜撐工法，且耐久性佳、施工容易、費用較低。

「CABKOMA Strand Rod」是將七條碳纖維加工成繩索狀，浸泡於熱熔性樹脂中而產生的碳纖維複合材料。這樣的作法可彌補碳纖維抗剪強度差的缺點。比重是鋼筋的四分之一，抗拉的強度卻高出七倍，質量輕盈、質地強韌。價格為每公尺三千日圓。除了不會生鏽，也較不容易產生結露現象。因此很適合用於木造古蹟的耐震補強。

二〇一五年翻新的建築物「fa-bo」，也應用了「CABKOMA」這種繩索。建築的設計者是承接日本新國立競技場設計案的建築師隈研吾。

這座建築物原本是一九六八年完工的三層鋼筋混凝土舊大樓，也就是「小松精練公司」的總部。經過耐震改建後，現在改成展示體驗館。

此建築的改建過程中，除了使用碳纖維棒為建築本體補強、達到抵抗地震的功能之外，也展現出高度的藝術美感。預計該碳纖維材料將於二〇一八年獲得日本工業規格（JIS）認證。

將材料、生物、機械、IT等各領域的先進技術應用於建築上，已經為未來的建築設計和規劃界吹起新風潮。

實際上，前面多位獲得日本普立茲克建築獎的建築大師，目前皆致力於融合新舊先進技術和嶄新的設計理念，創造高價值的新建築物。

圖 「fa-bo」的外觀令人聯想到簾幕

也有人對日本的建築界現況感到憂心。日本建築大師坂茂曾經運用紙和木頭等材料打造多件作品，並於二〇一四年獲頒普立茲克建築獎，他指出，日本獨有特殊的木造建築法規等問題，可能使日本的木造建築陷入「孤立化」(Galapagosization）的危機。

日本確實擁有頂尖的建築技術。但應該跳脫「稱冠全球」的優越感，廣泛採納全球各種建築技術和其他領域的新技術。未來必須抱持開放的心態，才能保持日本在建築領域的領先地位。

超越人類五感的機器

推出新世代感測器和AI處理器

加藤雅浩
《日經電子》雜誌 總編輯

尖端電子科技發展迅速，現在已經能一一實現過去人們覺得難以做到的事。其中最蓬勃的領域，就是與觸覺等五感有關的新世代感測技術、語音對話及人工智慧（AI）。讓機器學習人類獨有的能力，是這類科技共同的目標。研發機器就像培養孩子，讓機器階段式地習得各種高階能力，做到人類做不到的事，可以改變人類的生活、產業及社會。

◆新世代影像感測器

智慧相機的研發熱潮

具備感知能力或觸覺的各種感測技術，正在快速發展中。

其中具備感知能力的，是影像感測、影像處理及影像辨識等相機相關技術。

未來研發的主流趨勢，是能即時掌握拍攝現場和周邊狀況，也就是超越人類「知性」的相機技術。而帶動這一波發展的，則是市場成長顯著的汽車、無人機、監控攝影機、產業用機器人等非民生領域的機器。

過去大多是由手機等民生用機器來推動相機技術的進步，目標是追求呈現真實和漂亮的影像，講究視覺功能。因此不斷提升畫素，以超越人類的「眼睛」為目標。

影像感測器市佔率全球居冠的日本「索尼」（Ｓｏｎｙ）集團，於二〇一七年一月成立新部門「感測解決方案事業部」。該事業部隸屬半導體方案部門（Sony Semiconductor Solutions），主要負責產業用機器人等非民生領域的影像感測器。

在過去，Ｓｏｎｙ一直將研發重心放在手機、數位相機等民生機器的影像感測器上，並擁有高市佔率。在二〇一五年，新設立車載事業部，傾力於發展車載鏡頭的影像感測器。二〇一七年四月發表第二代產品，預計於二〇一八年三月開始量產。新產品名稱為「LED flicker」，可減少拍攝時的閃爍狀況，並擴大動態範圍，即使在陰暗環境中拍攝，影像依舊清晰。這也將成為未來Ｓｏｎｙ車載影像感測器的「基礎產品」（半導體方案公司車載事業部車載事業企劃部表示）。

例如，以搭載影像感測器的攝影鏡頭取代傳統的兩側後視鏡，在夜間行駛時，就能一一辨識出後方車輛的頭燈，對駕駛人發出警示，提高行車安全。

使用「LED 頻閃減緩」功能與 HDR(高動態範圍)所拍攝的影像

圖　Sony 的車載鏡頭影像感測器，在陰暗環境中拍攝的影像依舊清晰

模擬電子後視鏡所拍攝的影像

圖　將 Sony 研發的新影像感測器搭載在電子後視鏡上，即可在夜間辨識出後方來車的頭燈

Sony新成立的「感測解決方案事業部」，現階段的目標是要發展繼民生用、車載用產品之後的第三個事業版圖。該事業部研發出的影像感測器，可偵測距離和偏光等功能，與過往的Sony產品截然不同。

車載鏡頭、監控攝影機、產業機器用的機器視覺（配備感測器的視覺儀器）等非民生機器的市場，未來成長規模將高於民生領域的相機。例如根據市調機構「IHS Markit」的調查，車載鏡頭的市場規模，二〇二〇年將超過一億台，是二〇一六年五千二百萬台的二倍之多。

如前所述，在成長行情值得期待的非民生領域，影像感測器、影像處理、影像辨識等相機技術，必須具備超越人類的智慧功能，能掌握拍攝現場狀況和意義。

為了打造高智能相機，各家廠商都積極研發能偵測2D彩色影像、距離、波長、偏光、高速拍攝等各種資訊的影像感測器。蒐集越多資訊，越能大幅提升影像辨識的精準度。

在汽車領域，應用於自動駕駛的感測技術也是發展迅速。由於每種感測器都有優缺點，目前的主流趨勢是結合多種感測器，也就是利用「感測器融合」（sensor fusion）實現完全自動駕駛。車載鏡頭的優勢，在於能識別車輛和行人等物體。因此，研發目標是讓感測器的識別能力更接近肉眼。例如日本「電綜公司」致力於開發應用深度學習的深度神經網路（Deep neural network，DNN）來做影像辨識。藉由利用深度神經網路，不只行人和汽車，就連交通號誌、道路路況等都能辨識。此外還實現「語義分割」（Semantic Segmentation），也就是將語義標籤分配給輸入圖像的每個畫素。

電綜公司認為，這套系統不僅能辨識個別車輛、行人及白線，透過辨識整體路況，「還能像人一樣能防範事故於未然，讓行車安全更加提升」。

另一方面，在監控攝影機的領域，各廠也積極研發如何在肉眼難以辨識的狀況下，自動調整拍攝設定，或可以將影像處理得更清晰的產品。例如，Panasonic 於二〇一七年三月推出的「i-PRO EXTREME」系列監控攝影機，即可自動辨識拍攝地點、調整相機設定，讓影像更清晰（請參考前頁圖）。它還具備在逆光下補光的功能，可以避免以前容易出現的殘影。

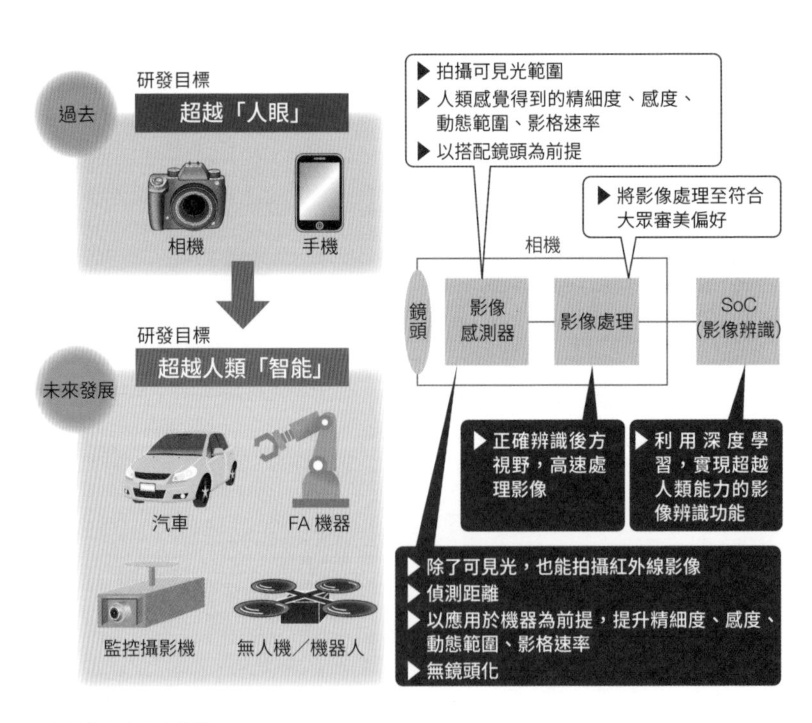

圖　相機的未來發展趨勢

比較相機的影像辨識

圖　電綜應用深度學習研發的「深度神經網路」(Deep neural network，DNN)，比較與傳統影像辨識功能的差異

圖　Panasonic 的新型監控攝影機，即使車輛在行駛中，也可以清晰拍下車牌號碼

圖　被大燈照到過曝時仍可以清楚拍下車牌號碼

圖　比較新舊產品在逆光中拍攝到的行人影像

◆觸覺回饋

革新使用者介面

在多種次世代感測技術中，關於觸覺介面的新技術，也引發世界各國的研發熱潮，完全不輸給視覺技術，競爭呈現白熱化。

其中的「觸覺回饋」技術，就是刺激人類皮膚的感覺接受器，提供觸覺、力覺及壓覺等多種感覺（觸感）的回饋，此技術不僅掀起一股研發風潮，各家廠商也積極在裝置內添加「觸覺回饋」的功能。

「觸覺回饋」功能具代表性的案例，是二〇一七年三月由「任天堂」（Nintendo）公司推出的電子遊戲主機「Nintendo Switch」。它可以透過「HD震動」功能，重現將冰塊投入杯中的細緻觸感，以觸覺回饋真實化作為產品賣點。

觸覺回饋功能在過去，只應用於提醒使用者來電、電子郵件，或取代開關或按鈕等等，功能非常簡易，「Nintendo Switch」則將觸覺回饋的應用提升到另一個截然不同的層次。

目前部分遊戲機和手機也內建了觸覺回饋功能，未來將有機會搭載在各種電器上，擴增應用範圍。觸覺回饋將為電器產品創造全新的使用體驗。

◆空間顯示技術

大幅提升虛擬影像的真實感

視覺和觸覺的相關技術迅速發展，可謂相輔相成，不僅能透過視覺傳達訴求，也能藉由刺激人類觸覺，進一步提升真實感。在這方面也不斷研發出新的技術。

其中之一就是將顯示空間從2D（平面）轉為3D（立體）的「空間顯示」技術。日本筑波大學的「Digital Nature Group」研究室主導者為落合陽一助教，他開發的「Fairy Lights in Femtoseconds」系統即為一例。

透過此系統，可讓光點飄浮在空中，以光來描繪3D映像。其原理是以震動時間極短，只有十的負十五次方秒（飛秒）的「飛秒雷射」（Femto Second Laser）在空中產生電離子，並散發出光子。

觸碰3D映像時，感覺就像真的碰到光的3D映像。落合助教表示，「這些映像摸起來的感覺，幾乎宛如真實的物體」。這是由於肌膚會感受到電離子的刺激。雖然會形成超高溫的電離子，不過由於使用震動時間極短的飛秒雷射，因此觸摸時不會損傷肌膚。

顯示空間的方法，還有運用光波的「全像投影」（holographic display）技術。透過控制光的波動性，未來除了影像，或許還能讓物體漂浮在空中。

筑波大學的落合助教也有研發出以音波讓物體漂浮的裝置「Pixie Dust」。這是用超音波產生駐波，置入微小球體的裝置，只要改變超音波的對焦位置，就能移動球體。

此技術早在一九七五年就首度出現，目前國外的研發競爭進入白熱化。最近，東京大學篠田裕之教授的研究室和索尼電腦科技研究所（Sony Computer Science Laboratories）的互動實驗室室長曆本純一（東京大學教授）等，也在合作研發相關技術。

二〇一五年十月，由英國薩塞克斯大學（University of Sussex）和布里斯托大學（University of Bristol）所組成的研究團隊，發表了新技術。

該研究團隊將六十四個頻率為四十KHz的超音波發射器，排成平面或半球面，讓物體在上面抵抗重力並漂浮起來。還可以將壓力面的形狀變形為鑷子、人手或容器等。並且，該研究團隊也正在研發讓足球離地一公尺的大型發射器組。

若將這類技術和空間顯示技術結合在一起，或許未來我們就能以這樣的方式在家觀看「FIFA世足賽」了。

「全球知名的選手們可以在我家展開世紀之戰。當選手在足球場上賣力奔馳，仔細一瞧，他們踢的正是我平常在草地足球賽中踢的那顆球。當球以迅雷不及掩耳的速度掠過耳邊，一瞬間伴隨觀眾的歡呼聲，看到我的球飛向球門」。

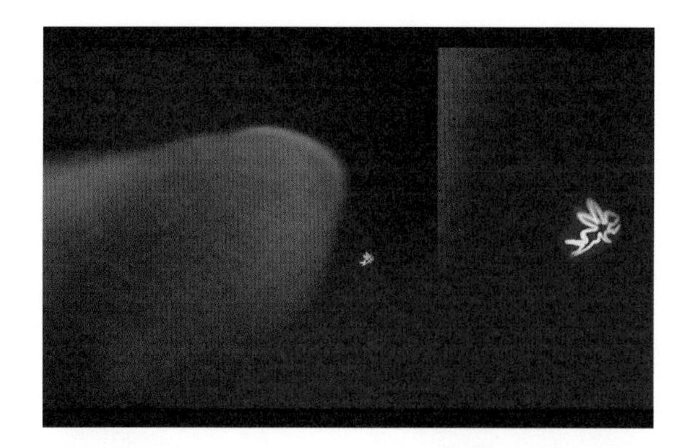

圖　筑波大學研發的「Fairy Lights in Femtoseconds」

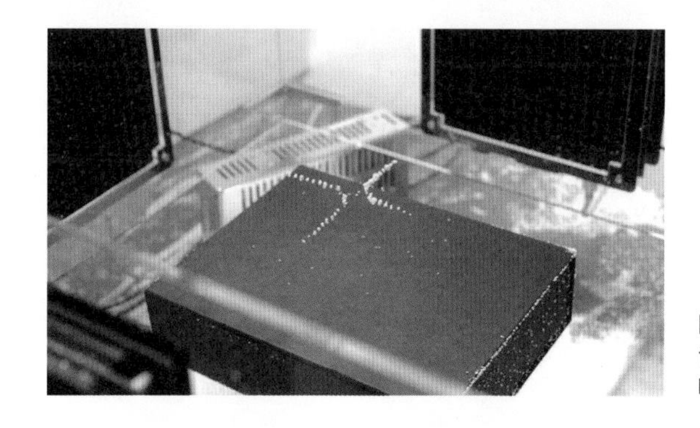

圖　由筑波大學研發，以音波讓物體漂浮的「Pixie Dust」裝置

圖　英國薩塞克斯大學研發出以超音波發射器讓物體漂浮的裝置

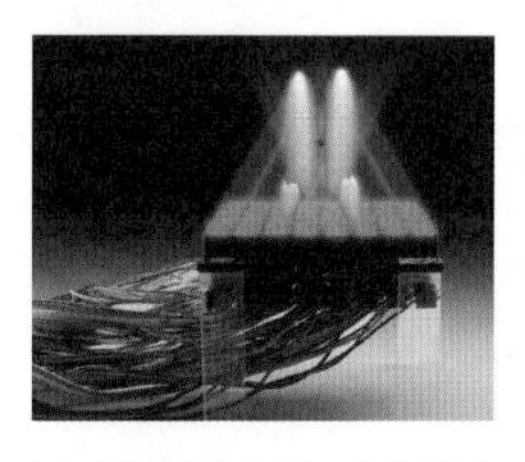

圖　透過全像投影，在超音波發射器上顯示「鑷子」

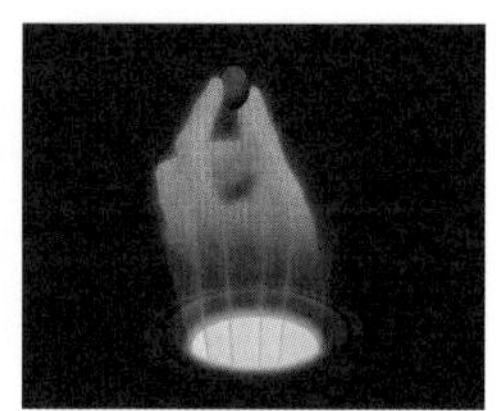

圖　透過全像投影，在超音波發射器上顯示「人手」

◆聽覺終端裝置

把電腦放在耳朵裡

在聽覺相關的電器用品方面，技術也有明顯的進步。各廠並不像在視覺方面那樣致力於研發超越人類的技術，而是積極搶攻市場，目標是研發出可穿戴於耳朵上的超小型電腦「可聽式裝置」(hearable)。

可聽式裝置(hearable)，是由「聽」(hear)和「穿戴式」(wearable)兩個英文單字的組合，主要商品包括利用藍芽通訊的無線頭戴式耳罩、耳機、助聽器等裝置。各廠率先推出可與手機和音樂播放器連結、具有藍芽功能的耳機，以及可與手機連結的助聽器。

其中近來備受矚目的產品，是將左右耳也用無線網路連結的「真無線立體聲耳機」。真無線立體聲耳機問世尚不久。二〇一五年十二月，瑞典新銳品牌「EARIN」推出由同為瑞典廠商「エピカル」研發的「EARIN M-1」無線藍牙耳機。二〇一六年一月，德國「Bragi」的「THE DASH」隨後上市。自此有許多產品陸續問世。目前光是美國等地，就有超過四十種產品，含研發中的產品則超過六十種。

蘋果(Apple)的 iPhone 7 手機問世時移除了耳機孔，正好引發一股無線耳機風潮。當時預估 iPhone 7 將在全球熱銷超過兩億台，各廠商預見此需求後，在二〇一六年秋天一口氣推出多種無線耳機和無線立體聲耳機。

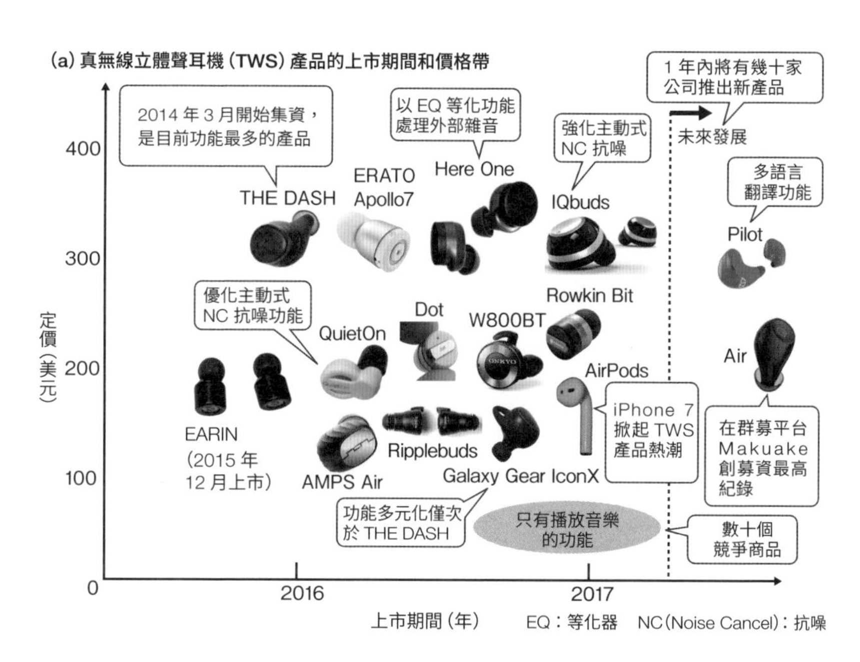

(b) 日本各家廠商紛紛投入此領域

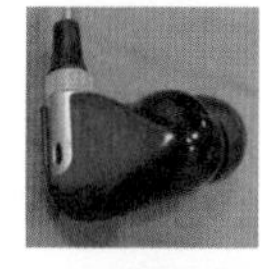

JVC KENWOOD 所研發的無線耳機(已經寄送給群眾募資的出資者)

SONY 行動通訊國際股份有限公司的「Xperia Ear Open-style」

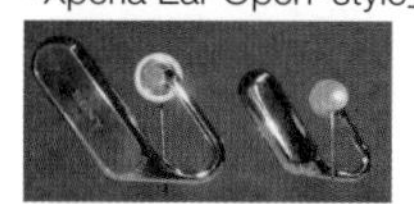

Sony TWS 耳機的概念模型

NEC 的設計範例

搭載身分驗證功能以及九軸感測器，可以實現步行導覽

京瓷的試作樣品

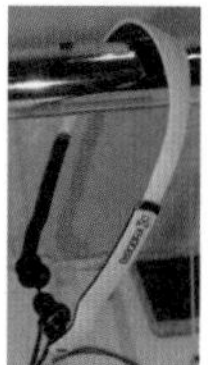

圖　真無線立體聲耳機(TWS)產品的上市日期和價格帶

各廠推出的無線立體聲耳機，都不只能用來聽音樂，也開始朝更有發展性的耳機型電腦前進。市場上甚至出現不以聽音樂為主或是根本沒有聽音樂功能的耳機產品。

例如，美國「Waverly Labs」透過群眾募資取得約五億日圓，於二〇一七年九月在英語圈國家推出「Pilot」耳機。「Pilot」的賣點是多語言即時口譯功能。戴上「Pilot」的人，可以透過耳機口譯，同時用不同語言交談。

無線立體聲耳機的先驅者「Bragi」，已計畫在新產品上搭載即時口譯功能。「Bragi」將與美國「IBM」公司合作，利用人工智慧系統「Watson」，實現即時口譯等各種新功能。

芬蘭的「QuietOn」公司則於二〇一六年推出優化隔絕噪音功能的電子耳塞。這不但沒有聽音樂的功能，也沒有任何操控鈕，使用時只要把耳機從兼具充電功能的收納盒取出。

日本廣島市立大學資訊科學研究科谷口和弘教授，製作了耳飾型電腦「Halo」的樣本。谷口教授已於二〇〇八年預測到耳機型電腦對社會的影響，並稱之為「earable」。

「秘書」就住在你的耳朵裡

可聽式裝置的用途將越來越廣。有些產品已經具備運動教練、工作計劃管理、朗讀新聞和電子郵件等功能。除了監測每天的健康狀態之外，各廠也開始研發可以導航的新產品。

圖　搭載多語言即時口譯功能的 TWS 耳機

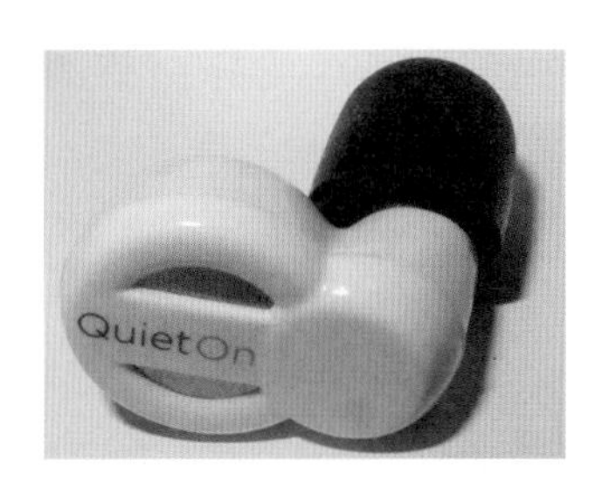

圖　只具備隔絕外來噪音功能的電子耳塞

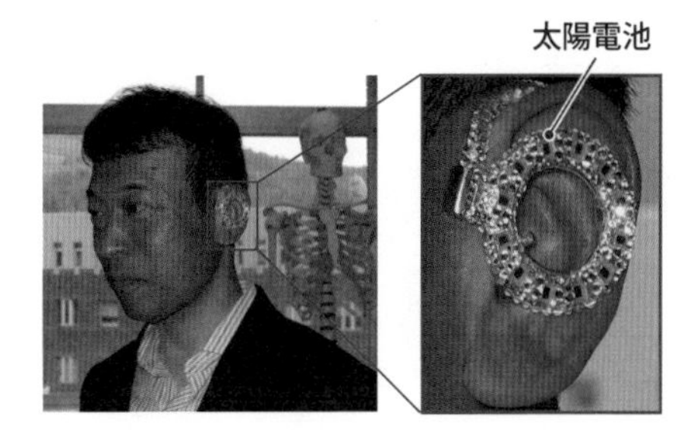

圖　耳飾型電腦，具備播放音樂等多元功能

新世代的可聽式裝置，其角色就像是秘書或管家，能精準掌握使用者所在地點和活動，以語音提供適合的資訊。

而支援這些功能的，是內建於可聽式裝置內部的各種感測器、語音介面及連結雲端資訊所需的人工智慧。即使是同款感應器，數據的使用方法也會衍生出多元用途和服務。

◆語音互動技術

在新式平台展開「對話」

語音介面方面，也醞釀出重大技術變革。「對話」已成為備受矚目的新使用者介面。語音對話不僅取代鍵盤和觸控面板，更是推動人際互動和各種服務的工具。

美國多家知名的IT大廠，包括「微軟」、「Facebook」、「亞馬遜」等公司，都正在加速發展語音互動介面。

「微軟」公司的執行長薩蒂亞·納德拉(Satya Nadella)信心十足地指出：「人類語言將會成為新的使用介面」。微軟推出了可免費搭載於「Windows 10」作業系統，具備語音辨識及語音對話功能的「Cortana」語音助理、增加對話式訊息顯示功能和支援「Cortana」聲控的「Skype」，以及可加入「Skype」對話的智慧型代理人(Software Robot)等。

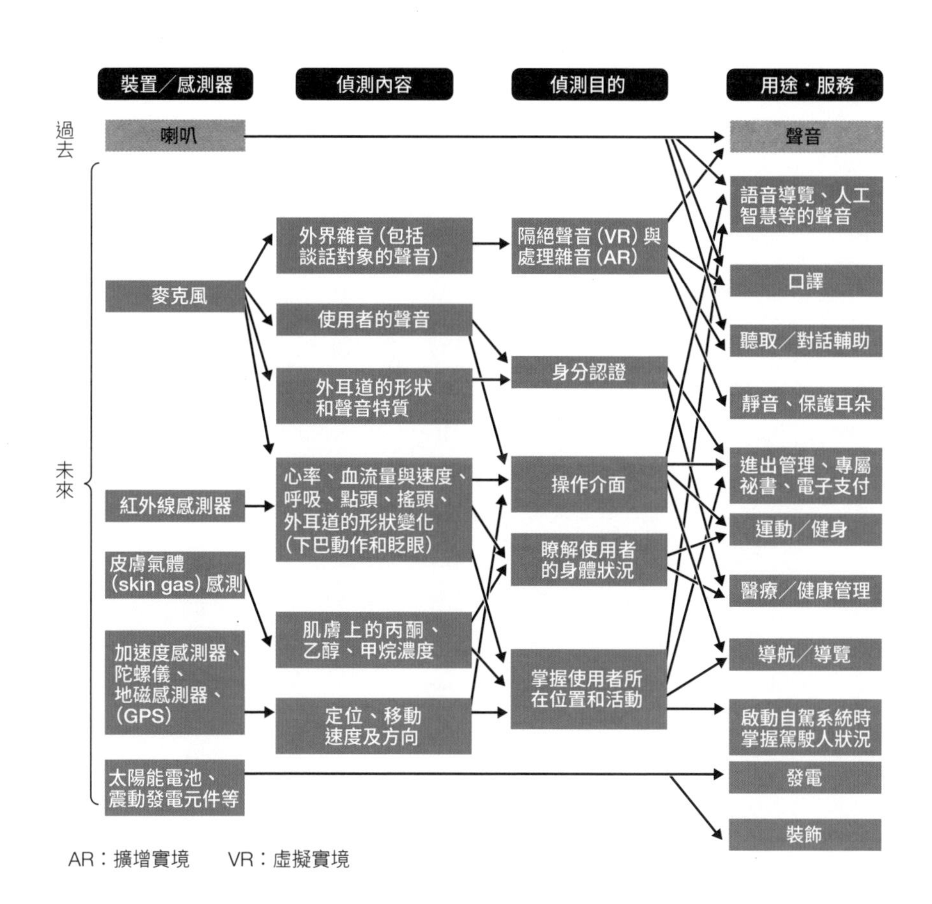

圖　各種感測器的偵測項目和目的

微軟公司的納德拉執行長表示：「Cortana 數位助理，未來可望成為像瀏覽器一樣的預設應用程式。而智慧型代理人可能成為新的窗口」。

也就是說，未來的使用者可能透過「Cortana」數位助理，以聲音（語音）叫出各種智慧型代理人，和代理人對話並享受各式服務或進行交易。

加速這類語音互動技術發展的，是二〇一四年十一月美國「亞馬遜」推出的智慧喇叭「Echo」，此系列產品也具備對話功能，從二〇一五年底就挾帶著高人氣引爆智慧喇叭市場的激烈競爭，之後也持續熱銷中。

「Echo」是第一個可以進行交易的產品。內建具備語音辨識、對話功能的「Alexa」智慧語音助理，使用者只要喚醒「Alexa」，就能讓各種裝置執行指令。除了可搜尋、播放音樂之外，還可以開啟住宅照明設備、朗讀新聞或是訂購亞馬遜網站的各種商品。

亞馬遜允許廣泛的支援「Skill」，也就是允許第三方設備商在自己生產的產品上加入與「Alexa」語音互動功能的支援。

舉例來說，當消費者向「Alexa」訂購外送披薩後，搭載「Alexa」的披薩業者的硬體，就會回應、請消費者選擇口味和數量。消費者只要透過喇叭與披薩業者溝通即可。

◆AI處理器

邊界運算推論，雲端學習

數據分析的能力和方法若沒有進步，感測技術再怎麼厲害和蒐集再多數據都是枉然。

很幸運的是，有助數據分析的人工智慧（AI）相關技術，發展也相當迅速。二〇一六年三月，由「Google」研發的人工智慧電腦「AlphaGo」打敗世界棋王，掀起AI發展的序幕。日本國內研究AI的佼佼者表示，「一年前寫好的研究計畫，現在看來已經落伍」，由此可見AI的研究發展之快，依舊銳不可擋。

其中之一就是可高速執行人工智慧推論和學習的「AI處理器」。這方面全球已興起一股研發浪潮。

半導體巨頭美國「Intel」公司於二〇一六年十一月，公開新的人工智慧晶片，以期主導人工智慧的市場。從電腦到伺服器、雲端計算資料中心，「Intel」都展現出希望稱霸市場的自信心。

不僅Intel有這樣的雄心壯志，其他知名企業也積極投入AI處理器的市場。二〇一六年十月底，韓國的「三星」集團（Samsung）宣布投資英國深度學習新創公司「Graphcore」。同年十一月底，日本「富士通」集團宣布將於二〇一八年推出全新的深度學習處理器。

美國「Google」則已於二〇一六年五月就公開發表，打敗世界棋王的「AlphaGo」就是使用Google自製的專屬晶片「ＴＰＵ」(Tensor Processing Unit)。

ＡＩ處理器必須具有「邊緣端」和「雲端」，各種ＡＩ處理器所需的特性也不同。因此兩端都在各自的領域中發展。

上面所謂的「邊緣端」是指現場端的機器或人所使用的終端裝置。應用於邊緣端的ＡＩ處理器，主要是為了實現超越人類五感的目標。

而「雲端」指的是位於網路上的伺服器或雲端計算資料中心，用來分析機器和終端裝置所蒐集的資料。這裡使用的ＡＩ處理器，其實就是挖掘大數據價值的ＡＩ引擎。

如同本書之前在自動駕駛系統的相關章節中所說的，目前的ＡＩ處理器是使用泛用型ＧＰＵ(圖形處理器)。ＧＰＵ如字面所示，設計上就是以影像處理為主。

相對於此，無論是針對邊緣端或雲端，各廠的目標都是研發出性能優於現階段基本ＧＰＵ的各種專用處理器，而哪一種能夠成為主流，尚有待觀察。號角聲已經響起，未來電子機器的智慧競賽已經正式開跑。

發展的原動力來自深度學習

ＡＩ處理器巨大的潛在市場，促使各廠投入研發。據美國「Tractica」調查數據預計，包含深度學習專用處理器在內的ＡＩ處理器市場，將從二〇一六年的十一億美元（約三百二十億台幣）來到二〇二五年的五百七十四億美元（約一兆六千七百四十一億台幣）以上，成長超過五十倍。

並且，包含ＧＰＵ、網路產品、儲存機器等硬體、相關雲端服務在內的人工智慧市場，二〇二五年合計超過二千四百億美元（約七兆台幣）。

如此龐大的市場預估，來自人工智慧的進步，將可達成目前技術做不到的事。

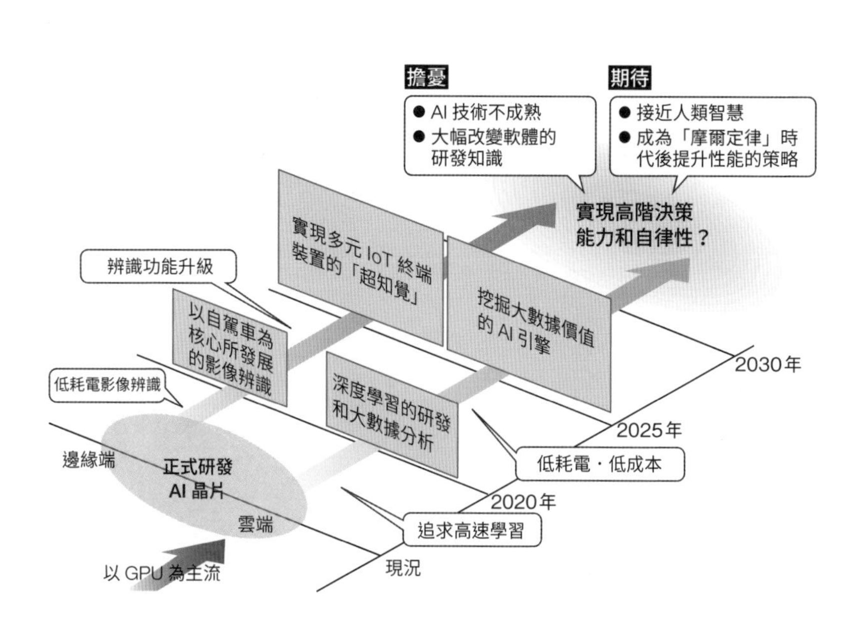

圖　AI 晶片發展的兩大方向

而進步的原動力，即為帶動這股風潮的「深度學習」（Deep Learning）。讀取各種數據進行學習的「深度神經網路」（ＤＮＮ），可進行影像和聲音等模式識別，並獲得超越人類能力的性能。演算法具有泛用性，只要給予不同的數據，就能拓展用途。

深度學習的特色，是可以自動找出數據中的重要模式。

基於圖像辨識的深度神經網路，之所以能讀取大量圖片，識別出人類和貓的不同，就是因為可以自動從大量圖片中抽取出人類和貓的特徵來解析。

若將抽取隱藏特徵的能力運用在大數據分析上，就能探索出人類前所未有的新知識。有助於找出病因、研發新材料等，突破各種困境。

運用ＡＩ處理器的目標之一，就是將這類深度神經網路的高階識別能力，應用於邊緣端的機器上。

如果能透過與感測器連接的ＡＩ處理器，達到高精準度的模式識別，即可用截然不同的方式操控機器和處理資訊，例如，應用到監視器上，就能指認出可疑人士。

就像這樣，組合各種感測器和ＡＩ處理器，就可能讓邊緣端的各種機器，擁有超越人類五感的感測力和知覺。

讓電子機器擁有所謂的「超知覺」，是邊緣端ＡＩ處理器的首要目標。因此，必須能降低耗電，且能高速執行深度神經網路的推論。

另一方面，雲端ＡＩ處理器則追求強化發現知識的能力，實現「超人工智慧」。其處理性能必須可維持規模大又複雜的深度神經網路，並高速學習龐大的數據。

以人類的成長階段來講，現階段的人工智慧還處於幼兒階段。雖然可以識別影像和聲音，但還在學習語言，幾乎沒有運動能力。目前在發展雲端，而邊緣端也將開始成長。

邊緣端和雲端的人工智慧技術都在持續進步，前者往運動功能發展，後者則朝高度智能邁進。

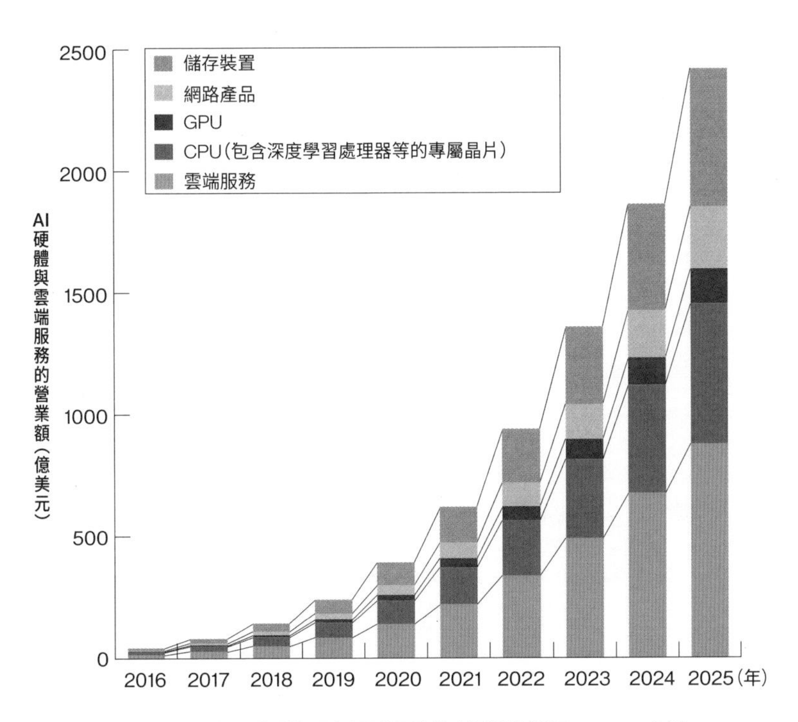

圖　包含深度學習在內，由 AI 帶動的硬體和雲端服務的市場規模（美國 Tractica 市調）

隨著半導體技術的進步，由雲端發展出來的智能，也將逐步轉移到邊緣端。

邊緣端的目的是研發個人助理、家用機器人、自駕車、工廠作業機械等，用途主要是在物理空間中輔助或取代人力。首先，以二〇二〇年為目標，讓機器具備自主移動的能力。例如，可透過各種感測器識別外界物體，自行判斷路線的自駕車、無人機、自主行走於工廠內的機器人、自主判斷故障的作業機器等都陸續問世。

緊接著，等到二〇二〇年代中期，機器也可能發展出接近人類的複雜動作，可打掃房屋、收納衣服等。加州大學柏克萊分校以研究機器視覺和機器人聞名的教授崔佛．達雷爾（Trevor Darrell）預測，

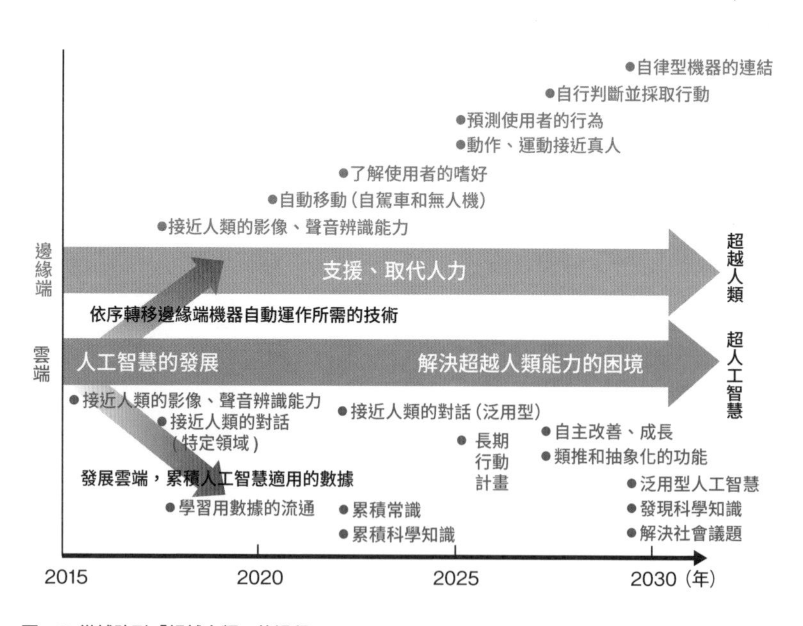

圖　AI 從輔助到「超越人類」的過程

「十年後就會出現」能聽從使用者指令，做各種家事的機器人。

邊緣端機器的智慧化程度越來越高。在未來，可做各種家事的家用機器人，會了解主人的喜好並可進行自然的對話。也可以擬定長期行動計畫，依狀況彈性調整行動，以利更有效率地完成工作。

邊緣端的機器是否能全面搭載這些功能，取決於半導體的性價比和網路速度等因素。而最終將實現各種能自主判斷的機器互相協調、運作的世界。

二〇三〇年左右，無數能預測人類行為的機器，或許也可以共同執行各種作業。機器人協力之下所能執行的工作，範圍超過人類的身體能力，達到「超人」的境界。

而雲端現階段的目標，則是讓人工智慧更接近人類的智慧。接續影像和聲音辨識功能，則是實現人與電腦的自然對話。ＡＩ在特定領域的對話能力，已經逐漸接近人類。預測最快在二〇二〇年代前半期，ＡＩ的對話能力就會發展至接近人類的水準，可以不限話題進行正常對話。

未來希望能夠讓ＡＩ具備抽象思考、類推的能力，且可透過自我學習，自我改變和進化。相關人士預測二〇二〇年代中期，ＡＩ即可擁有這些特性。二〇一五年八月，日本國內研究人員齊聚於「全腦建築計畫」(Whole Brain Architecture Initiative)，揭示最快於二〇二五年以前，讓ＡＩ接近擁有人類的智慧。

在雲端方面，不僅朝著讓人工智慧更接近人類的方向發展，也期望透過分析ＩｏＴ數據和訓練各種人工智慧，逐漸累積人工智慧的知識。讓ＡＩ運用高階的思考能力來分析多元數據，摸索出超越人類的知識和問題解決方法。這樣的「超人工智慧」，就是發展人工智慧的未來目標。

（協助編輯：「日經技術在線！」網站 總編輯 大石基之）

第3章

不知道就落伍的新科技

在第三章中，我們請到「日經BP社」旗下各家專門雜誌或網站的總編輯與專業記者，從多種技術中選出值得注目的部分為您解說。這些技術都是由前面撰寫第二章的諸位專業雜誌總編輯，與記者們討論過後所精選出來的。因此，第三章要介紹的技術也延續了第二章「科技融合與價值再生」的趨勢。我們將選出來的技術分為下列五類。

●人的再生

首先是在第一章「科技期待度排行榜」中高居第一名的「再生醫療」，此外也將介紹其他醫療科技，包括治療與心功能不全同為人類剋星的癌症藥物和療法、對人體零負擔的測量法、能更精準地掌握體內狀態，以及可應用於非醫療領域的「基因編輯」等生物科技。

●車的再生

電器和機械科技方面，則是介紹與汽車相關的重要技術。汽車產業是日本重要的經濟支柱，相關企業眾多。自駕車和電動車（EV）的再生，也是備受注目的課題。除了期待度排行榜第三名「電動車用後鋰電池」也就是「全固體電池」之外，還將介紹「複合材質結構」、「超高張力鋼板」等製品的最新趨勢，以及「第五代行動通訊系統（5G）」和「OTA」（空中下載技術）等與IT融合的科技。

●工作現場的再生

處理資訊相關的IT科技，可應用於所有領域。我們將介紹可用於物流、農業、土木、醫療、照護、廣告等產業第一線的ＩＴ技術，了解ＩＴ將如何改變工作現場。像是能收集影像資訊而廣受注目的無人機，也包括在廣義的ＩＴ之內。

另一方面「超小型電腦」和「兒童程式語言」的出現，讓人們學習電腦程式語言的方式變得更簡單。我們也將介紹在個人才藝學習和教育現場的領域可如何應用科學技術，讓您認識到與商業應用截然不同的科技面貌。此外，「超小型火箭」也改變了火箭的應用方式。

● 建築的再生

建築和土木相關技術的發展歷史悠久，世界各國也持續研發、實踐各種新技術。我們將介紹防震策略、隧道工法、混凝土的全新使用方法等。除此，還有運用大自然讓市容再展新貌的「綠色基礎設施」、因應宅配服務時代而生的「智慧宅配箱」等。

● ＩＴ產業的再生

如果把ＩＴ的歷史當作數位電腦的歷史，其實也才不過七十年，算是相當年輕的科技，正所謂後浪推前浪，不斷日新月異。另一方面，本書也會提到讓目前的ＩＴ更方便使用的「機器人流程自動化」(Robotic Process Automation，ＲＰＡ)和「資安情報蒐集」(Cyber intelligence)。還會介紹製造電子機器的基礎技術，和ＩＯＴ時代的通訊規格等。

（日經ＢＰ綜合研究所 高階研究員　谷島宣之）

◆再生醫療

四種產品進入實用化階段，擬定多項研發計畫

「再生醫療」是指利用正常細胞和組織，治療因疾病、受損而失去功能的器官或組織。療法大致上可分為兩種：一種是「使用人工培養之表皮、軟骨及心肌層片等構造化、積層化產品」，另一種是「直接注射細胞的細胞治療法」。經日本醫藥品醫療機器等法（藥機法）等相關法律核可，在醫療保險保障範圍內的產品，目前共有四種。其中有三種，是以組織工程將細胞等構造化、積層化的產品。例如由「日本組織工程股份有限公司」(Japan Tissue Engineering，J－TEC）研發的兩項產品：「JACE」，是將患者的表皮細胞製成薄膜狀，用來治療燒燙傷的產品；而「JACC」是培養患者軟骨細胞，將之包覆、埋入高分子膠原蛋白中加以培養，再移植到關節的產品。此外還有由醫療器材大廠「泰爾茂」(TERUMO）公司研發的產品「HeartSheet」，是將患者肌肉中的細胞製成薄膜狀，移植到重度心功能不全患者的心臟表面。除了這些，通過核可的細胞藥物還有由「JCR Pharma」研發的「TEMCELL HS Inj.」。這種藥物是將人類骨髓來源的間質幹細胞(Mesenchymal Stem Cell，MSC）當作有效成本，可在白血病等患者進行造血幹細胞移植後，抑制免疫反應。

目前，日本國內從新創企業到製藥大廠，都積極投入研發再生醫療產品。

（《日經生物技術產業》雜誌　高橋厚妃）

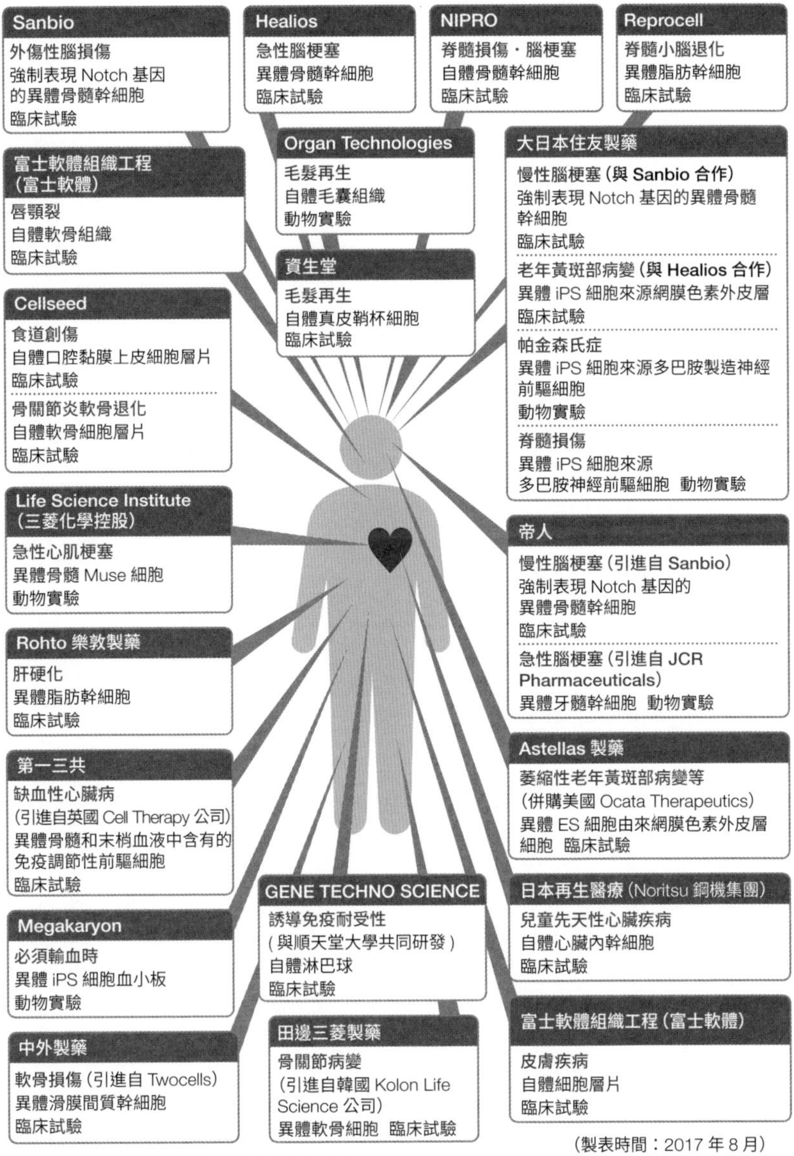

Sanbio
外傷性腦損傷
強制表現 Notch 基因的異體骨髓幹細胞
臨床試驗

Healios
急性腦梗塞
異體骨髓幹細胞
臨床試驗

NIPRO
脊髓損傷・腦梗塞
自體骨髓幹細胞
臨床試驗

Reprocell
脊髓小腦退化
異體脂肪幹細胞
臨床試驗

富士軟體組織工程（富士軟體）
唇顎裂
自體軟骨組織
臨床試驗

Organ Technologies
毛髮再生
自體毛囊組織
動物實驗

資生堂
毛髮再生
自體真皮鞘杯細胞
臨床試驗

大日本住友製藥
慢性腦梗塞（與 Sanbio 合作）
強制表現 Notch 基因的異體骨髓幹細胞
臨床試驗

老年黃斑部病變（與 Healios 合作）
異體 iPS 細胞來源網膜色素外皮層
臨床試驗

帕金森氏症
異體 iPS 細胞來源多巴胺製造神經前驅細胞
動物實驗

脊髓損傷
異體 iPS 細胞來源多巴胺神經前驅細胞　動物實驗

Cellseed
食道創傷
自體口腔黏膜上皮細胞層片
臨床試驗

骨關節炎軟骨退化
自體軟骨細胞層片
臨床試驗

Life Science Institute（三菱化學控股）
急性心肌梗塞
異體骨髓 Muse 細胞
動物實驗

帝人
慢性腦梗塞（引進自 Sanbio）
強制表現 Notch 基因的異體骨髓幹細胞
臨床試驗

急性腦梗塞（引進自 JCR Pharmaceuticals）
異體牙髓幹細胞　動物實驗

Rohto 樂敦製藥
肝硬化
異體脂肪幹細胞
臨床試驗

第一三共
缺血性心臟病
（引進自英國 Cell Therapy 公司）
異體骨髓和末梢血液中含有的免疫調節性前驅細胞
臨床試驗

Astellas 製藥
萎縮性老年黃斑部病變等
（併購美國 Ocata Therapeutics）
異體 ES 細胞由來網膜色素外皮層細胞　臨床試驗

Megakaryon
必須輸血時
異體 iPS 細胞血小板
動物實驗

GENE TECHNO SCIENCE
誘導免疫耐受性
（與順天堂大學共同研發）
自體淋巴球
臨床試驗

日本再生醫療（Noritsu 鋼機集團）
兒童先天性心臟疾病
自體心臟內幹細胞
臨床試驗

中外製藥
軟骨損傷（引進自 Twocells）
異體滑膜間質幹細胞
臨床試驗

田邊三菱製藥
骨關節病變
（引進自韓國 Kolon Life Science 公司）
異體軟骨細胞　臨床試驗

富士軟體組織工程（富士軟體）
皮膚疾病
自體細胞層片
臨床試驗

（製表時間：2017 年 8 月）
自體：病人自己身上的細胞
異體：他人的細胞

圖　日本企業正在研發的再生醫療相關產品
以上內容不包括癌症

◆免疫檢查點抑制劑

防止癌細胞迴避免疫機制

這種藥可以讓人體中負責免疫功能的「T細胞」辨識出逃過體內免疫反應的癌細胞，並攻擊癌細胞，用以治療癌症。人類體內原本就具備可辨識、排除異物的免疫系統。免疫細胞「毒殺性T細胞」(cytotoxic T lymphocyte，CTL)可以辨識並攻擊異物，而且在免疫系統中也有「免疫檢查點」機制，可以預防免疫反應過度活化，控制免疫系統。

「免疫檢查點抑制劑」的功用，就如名稱所示，可以抑制免疫檢查點，讓毒殺性T細胞恢復攻擊癌細胞的能力。因為某些癌細胞會利用免疫檢查點的機制，狡猾地逃過毒殺性T細胞的攻擊。由日本「小野藥品工業」所研發的「Opdivo」和美國「默沙東」(MSD)藥廠推出的「Keytruda」，都是代表性的免疫檢查點抑制劑。「Opdivo」和「Keytruda」都是會和毒殺性T細胞表面的「程式性細胞死亡蛋白1」(PD1)免疫檢查點結合，進而阻止某些癌細胞表面的「PD-L1」與「PD1」結合，等於放開免疫反應的煞車系統。

由於「Opdivo」等藥物對於部分癌症有顯著效果，因此各藥廠紛紛投入研發免疫檢查點抑制劑的研發，競爭相當激烈。除了與「PD1」結合的「Opdivo」等，各廠也在研發與「PD-L1」或其他免疫檢查點分子結合的藥物。

(《日經生物技術產業》雜誌　高橋厚妃)

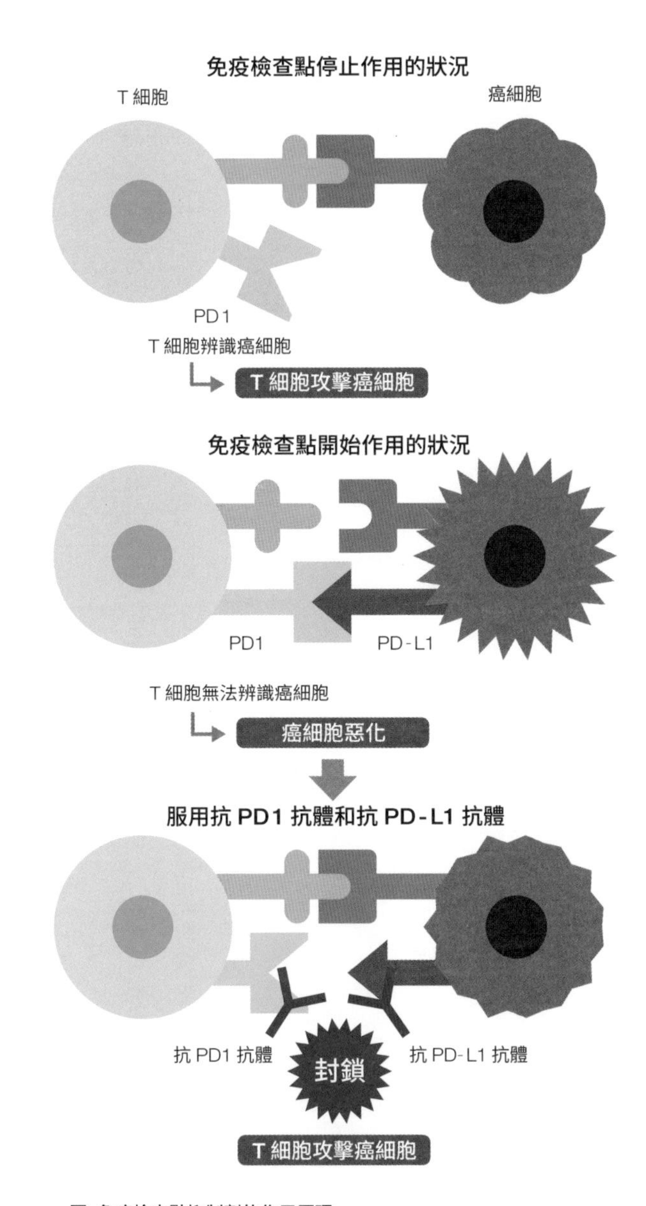

圖 免疫檢查點抑制劑的作用原理

◆溶瘤病毒

可破壞癌細胞的溶瘤病毒藥物

「溶瘤病毒」可以感染癌細胞、增生，並將癌細胞溶解。在溶解、破壞癌細胞之後，溶瘤病毒還會擴散到細胞外，繼續感染癌細胞，也具有活化體內免疫功能的效果。若將溶瘤病毒與「Opdivo」等利用體內免疫系統的抗癌藥物一起使用，還能發揮相乘效果。

溶瘤病毒是一種由人工改造的病毒，是從「腺病毒」（Adenovirus）和引起單純皰疹的「單純皰疹病毒」（Herpes Simplex Virus，HSV）等病毒的基因改造而來。溶瘤病毒只會感染癌細胞，就算感染到其他正常細胞，也不會增生。

美國在二〇一五年核可由美國生物科技公司「美國安進」（Amgen）研發的溶瘤病毒藥物「IMLYGIC」。各大藥廠也開始透過取得新創企業商品研發、販售權等方式，投入研究。

日本的相關研發也不遑多讓。例如「Oncolys BioPharm」公司正在研發溶瘤病毒「Telomelysin」，並於二〇一七年針對食道癌患者進行臨床試驗。

東京大學醫學科研究所的藤堂具紀教授開發出的「G47△」，是由「第一三共」公司展開治療腦瘤的臨床試驗。而由「Takara Bio」研發的「HF10」，目前也在美國和日本針對惡性黑色素瘤進行臨床試驗。二〇一六年十二月，「大塚製藥」則取得在日本國內的研發權。

（《日經生物技術產業》雜誌 副總編輯　山崎大作）

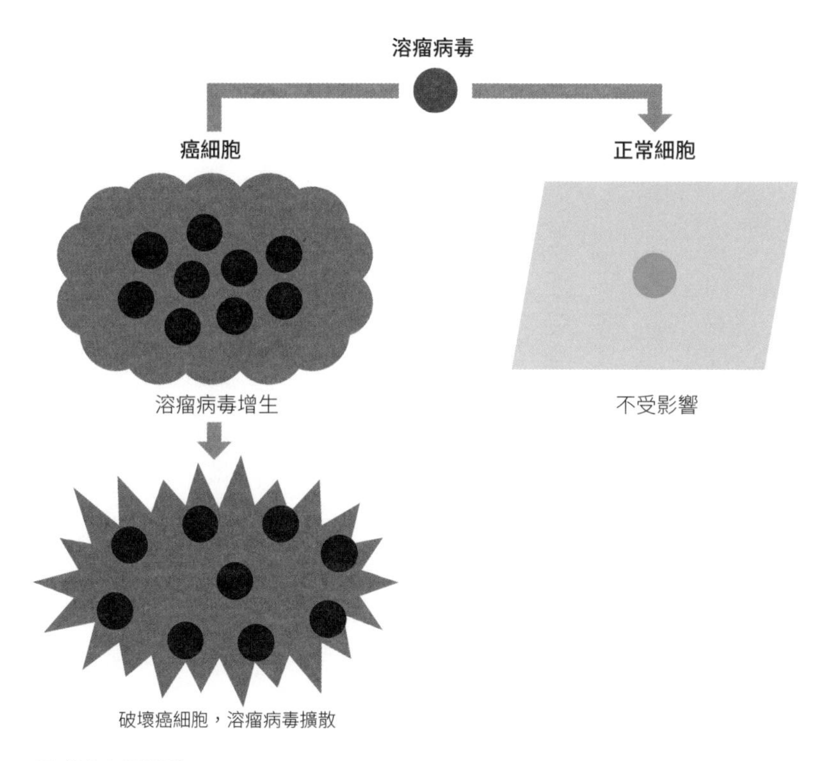

圖 溶瘤病毒的運作

表　日本正在臨床試驗中的溶瘤病毒

研發單位名稱	治療的癌症種類	使用病毒
Oncolys BioPharm	各種實體癌	腺病毒
第一三共	惡性膠質瘤（腦瘤的一種）	單純皰疹病毒 I 型
Takara Bio	惡性黑色素瘤	單純皰疹病毒 I 型
鹿兒島大學	骨・軟組織肉瘤	腺病毒

◆嵌合抗原受體T細胞療法（CAR-T療法）

利用攻擊能力強的細胞，消滅癌細胞

這種療法是指，將免疫細胞經過人工改造為超攻擊型細胞，以消滅癌細胞的細胞療法。

此種療法大部分是利用癌症患者自己身上的T細胞。具體而言，是從癌症患者的血液中分離出免疫細胞「T細胞」（如左頁圖中的藍色細胞），加入「嵌合抗原受體」（如左頁圖中的橘色部分）。含有嵌合抗原受體的T細胞，將可以辨識癌細胞獨有的特徵，發揮免疫細胞的作用，攻擊癌細胞。只要增加這種「超攻擊型」的T細胞，再注入癌症患者的血液中，回到患者體內的超攻擊型T細胞，就會隨著攻擊癌細胞而活化、增生。長期維持高攻擊力。

二〇一七年八月，由瑞士「Novartis」公司研發的「tisagenlecleucel」，就是全球第一款獲得美國核准的嵌合抗原受體T細胞療法（CAR-T療法）。

「CAR-T」療法的特色之一，就是對眾多患者都有效。「Novartis」曾針對重度白血病的其中一種進行臨床試驗，使T細胞辨認癌細胞，試驗結果顯示，有83％的患者在投藥後三個月內，癌細胞幾乎都被消滅了。

此外，新創企業「Kite Pharma」也正在美國申請核准可治療淋巴癌的「CAR-T」療法。在日本，由「Novartis」的日本法人「Novartis Pharma」、與「Takara Bio」合作的「第一三

共」公司，也都在研發能治療重度白血病、淋巴癌的「CAR－T」療法。

但是，即使是治療效果極佳的超攻擊型細胞，在治療中也可能產生副作用。因此在邁入實用化後，如何及早採取解決對策，是當前要面對的課題。

而且，目前的「CAR－T」療法是一種高度客製化的藥物生產模式，其製造和運送成本都很貴。因此，未來的課題除了要降低成本之外，也應該將如何支付醫療費納入社會議題。

（日經生物科技副總編　久保田文）

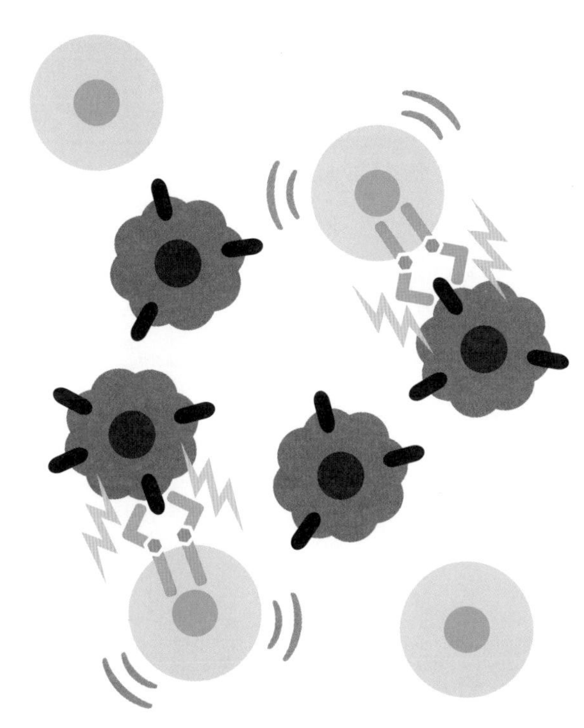

圖 嵌合抗原受體 T 細胞會攻擊癌細胞

◆使癌細胞發光的螢光噴霧劑

讓醫師能在手術中迅速辨別癌細胞

有了這種螢光噴霧劑，只要往懷疑有癌細胞的部位一噴，罹癌部位就會發光。在不久的未來，這可以作為輔助工具，應用於內視鏡檢查或手術等醫療現場。

日本已經針對這種試劑展開性能評估，以期二〇一八年申請藥物許可證，並應用於乳癌的手術中病理診斷。也已經對運用於食道癌的內視鏡檢查和手術，展開安全性評估試驗。

這種噴霧試劑被稱為「螢光探子」，是由東京大學研究所藥學系研究科・醫學系研究科的浦野泰照教授，與美國國家衛生研究院（ＮＩＨ）的小林久隆主任研究員等人共同研發的。原理是使用有機小分子與某種蛋白質分解酵素產生反應，便會發出螢光。

這種螢光試劑本身是無色透明、不會發出螢光，要與胺基酸和「羅丹明」(Rhodamine)等螢光分子結合之後才會發光。當試劑遇見癌細胞表面上的蛋白質分解酵素後，會經水解與胺基酸分離，轉移到癌細胞內並發出螢光。因此，只要在可疑部位上噴灑一毫克不到的劑量，幾分鐘後癌細胞就會發出強烈的螢光。

可應用於乳癌的螢光試劑已邁入實用化階段。目前為了避免乳癌細胞殘留，會在手術中製作切除部位的斷面（切除殘端）標本，以進行迅速病理診斷，馬上確認是否還有癌細胞。

這種螢光試劑有望成為補足迅速病理診斷，並減輕外科醫師和病理醫師的負擔。

依目前的實驗結果顯示，篩檢乳癌的精準度超過90％。目前以濟生會福岡綜合醫院（福岡市）等為中心，正在針對乳癌進行臨床研究，將蒐集未來一年的數據。最快將於二〇一八年以此數據向日本醫藥品醫療器械總合機構（PMDA）申請核准，以啟動臨床試驗。

傳統的乳癌治療中，為了保持病人乳房的完整性，通常會選擇只切除部分乳房，但病人必須承擔癌細胞可能殘留的風險。由於病理醫師短缺和業務負擔的問題，能在手術中迅速做病理診斷的醫療機構並不多。

參與此研究的機構，包括「五陵化藥」和「濱松光子學」公司。「五陵化藥」是製造由東京大學技術授權的螢光探子，「濱松光子學」則負責研發將螢光強度定量的裝置。

（「日經數位健康」網站　大下淳一）

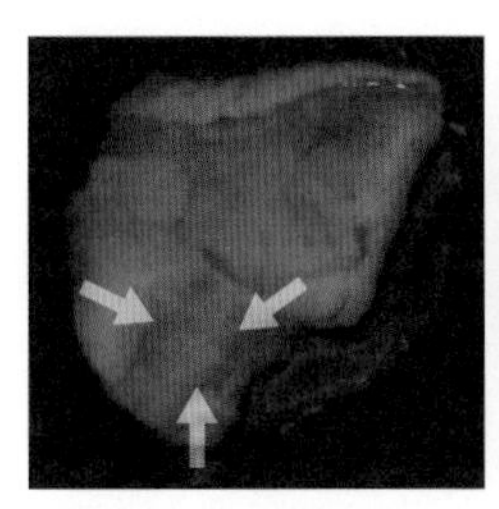
肉眼所見的乳癌檢體

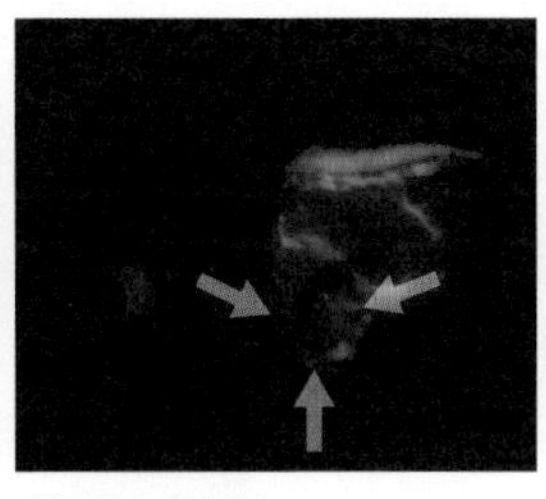
噴灑螢光試劑前

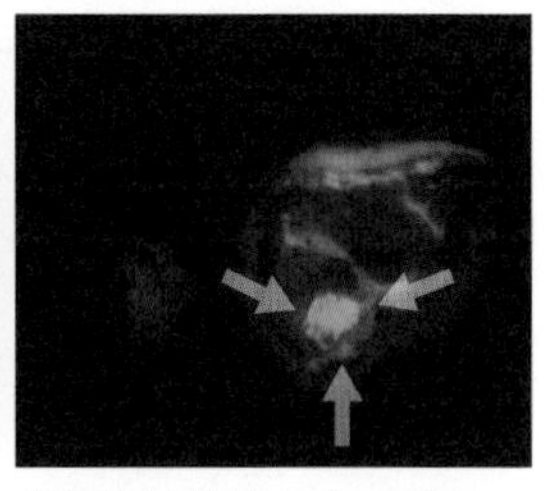
噴灑螢光試劑後 3 分 30 秒

圖　噴灑螢光試劑後發光的癌細胞

（照片來源：東京大學研究所浦野泰照教授）

◆人體內的醫院

利用智慧抗癌奈米機器人攻擊癌細胞

以下要說明的療法，是由智慧奈米機器人這種奈米尺寸的小分子，在人體內到處巡邏，發現癌細胞等疾病後，立刻診斷並治療。這就像是人體中內建了醫院，可在必要部位和有需要的時刻，於人體內自行診斷與治療。

此技術是由「日本奈米醫療創新中心」的片岡一則主任領導的「開放式創新智慧醫療」(Center of Open Innovation Network for Smart Health，COINS)研究，而推動的「體內醫院」研發計畫。

為了實現智慧奈米機器人的概念，片岡一則等研究人員研發出可攻擊癌細胞等特定標的的「藥物傳遞系統」(Drug Delivery System，DDS)。此系統可讓高分子自我組裝成親水性和疏水性雙層結構，製作成奈米大小膠囊(高分子微胞)，填充藥劑後送到患部進行治療。目前特別致力於研發包覆抗癌藥物的「高分子微胞」。高分子微胞的直徑同於病毒的三十到數百奈米，雖然無法通過正常組織的血管縫隙，但可通過癌組織較大的血管縫隙。藉此可將藥劑聚集於癌組織中。由於癌組織的PH值(氫離子濃度指數)低於正常組織，因此當高分子微胞遇到癌細胞，會產生反應並且被破壞，而釋放出內部的抗癌藥物。高分子微胞就像是「特洛伊木馬」一樣，可進入並攻擊癌組織。

目前有幾個企業正在研發高分子奈米微胞抗癌藥物，並展開臨床試驗，以期實用化。

研發高分子奈米微胞抗癌藥物，是未來實現智慧奈米機器人的第一步。片岡教授等研究員表示，接下來要研發的是可進行診療和治療的藥物。成果之一就是「奈米顯影劑」，這是將含錳的顯影劑加入胃磷酸鈣奈米粒子，因此可對癌組織特有的環境產生反應，釋放出顯影劑。這樣一來即可透過MRI（磁振造影檢查）而使癌組織的惡性程度和治療抗性視覺化。

片岡教授最終的目標，是打造奈米機器人，可在人體內巡邏、蒐集活體的患部資訊，再傳回植入體內的晶片以診斷疾病，其構造就像小行星探測器。在半世紀前的科幻電影《聯合縮小軍》(Fantastic Voyage)所描繪的世界，說不定有一天即將成真。

（「日經數位健康」網站　大下淳一）

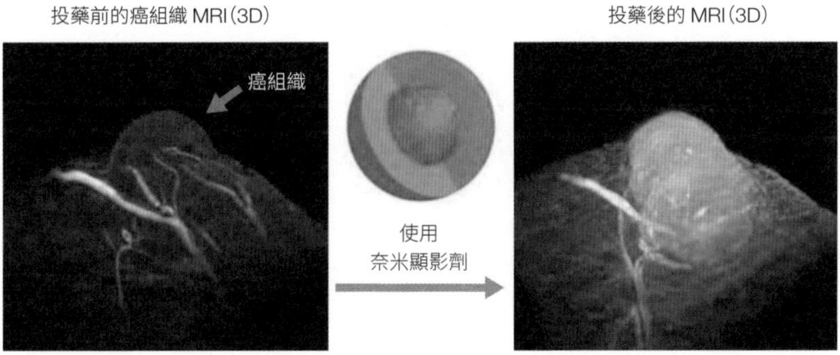

投藥前的癌組織 MRI（3D）
癌組織
使用
奈米顯影劑
投藥後的 MRI（3D）

圖　使用奈米顯影劑使癌組織的惡性程度視覺化

◆虛擬內視鏡檢查

取代內視鏡、對人體負擔更小的癌症篩檢法

「虛擬內視鏡檢查」(Virtual Endoscopy)是利用「多列偵測器電腦斷層掃描儀」(Multi- detector row CT，MDCT)取得大腸影像，經電腦處理後，製作成3D影像，以早期發現大腸息肉或癌症等病變的技術。此技術也稱為「電腦斷層虛擬大腸攝影」(CT colonography)。

此技術可針對蠕動中的大腸，在短時間內進行十六切以上的電腦斷層檢查，這種多切面電腦斷層掃描(multi-slice CT)出現後，讓電腦斷層虛擬大腸攝影的技術邁入實用化。運用多切薄層的斷面影像，可重建宛如內視鏡影像的3D影像。因此也稱為「虛擬內視鏡」。最近的臨床研究顯示，其偵測病變的靈敏度和特異度足以媲美實體的內視鏡檢查，也有越來越多醫療機構將此增設為全身健康檢查設備。大腸是具有許多皺褶的器官，運用虛擬內視鏡也能找出皺褶背面的病變。

雖然CT檢查必須暴露在輻射線(X光)中，但日本國立癌症研究中心模擬電腦斷層虛擬大腸攝影的輻射量，發現兩個部位的輻射暴露量合計約二到三毫西弗(mSv)，對比傳統大腸X光檢查(十一到十二毫西弗)，只有大約五分之一。

傳統的大腸癌篩檢過程中，會先做一次糞便潛血篩檢，潛血檢查呈陽性時，再實施大腸內視鏡檢查。由於必須事先服用顯影劑或因害羞等因素，使許多女性遲遲不敢就醫篩檢。實際上，需做精密檢查的患者中，只有三成的患者接受內視鏡檢查。而且由於檢查時是將內視鏡由肛門口單向插入再拔出，容易忽略大腸皺褶背面的病變。新技術將改變此現況。

（「日經醫療在線」網站　總編輯　大滝隆行）

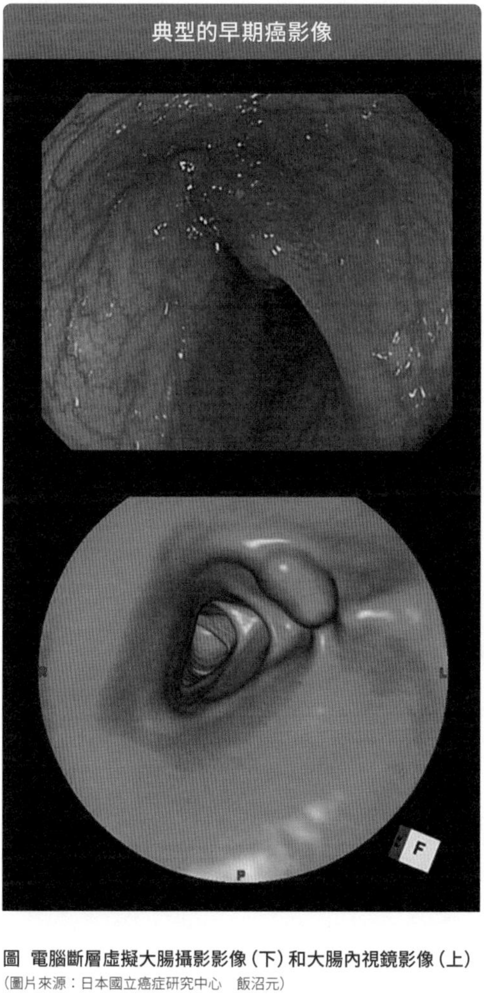

典型的早期癌影像

圖　電腦斷層虛擬大腸攝影影像（下）和大腸內視鏡影像（上）
（圖片來源：日本國立癌症研究中心　飯沼元）

◆腸內細菌療法

難治性神經疾病和心臟疾病，原來和腸內細菌有關係

「腸內細菌療法」是指在大腸內注入細菌，調整「腸內菌叢」(intestinal flora)的平衡，可達到預防或治療疾病的療法。

有研究報導指出，組成腸內菌叢的常在菌如果失去平衡，就會引起腹瀉、便祕或肥胖。最近也已經證實，不僅潰瘍性大腸炎、腸躁症等難治型大腸疾病，連難治的神經疾病和冠狀動脈疾病也與腸內細菌有關。

有各種方式可以注入腸內細菌。例如：將人的糞便移植到腸內，或是將減少的腸內細菌封入膠囊中、移植到腸內；以及投放藥劑、阻礙引發疾病的細菌運作等等。

在這些療法之中，日本有多個醫療機構正在研究糞便移植療法，針對住院中的高齡患者容易感染的難治性腸道傳染病和潰瘍性大腸炎等病症，進行臨床試驗和臨床研究。

例如日本順天堂大學的研究團隊，就結合糞便移植療法以及抗菌藥物等多種用藥療法，來治療潰瘍性大腸炎。藉由投放抗菌藥，大量殺滅腸內細菌後，再實施糞便移植，可大幅改變腸內菌叢。

在治療過程中，結束抗菌藥的投放後，當天採集約兩百公克患者的糞便，以生理食鹽水處理、製作成約四百公克的溶液，注入盲腸中。在糞便採集後必須於六小時內進行移植，並透過大腸內視鏡確認過程。

目前為止的臨床研究指出，約八成患者在完成治療後，症狀獲得改善，且分析腸內菌叢的結果也顯示，相較於無效組，有效組的主要構成菌種「擬桿菌門」的比例有了顯著回升，患者們的腸內細菌也維持在平衡狀態。

順天堂大學的研究團隊，未來也將針對克隆氏症實施併用抗菌藥的糞便移植療法。目前已知克隆氏症患者的腸內菌叢，也是嚴重失去平衡。

（「日經醫療在線」網站　增谷彩）

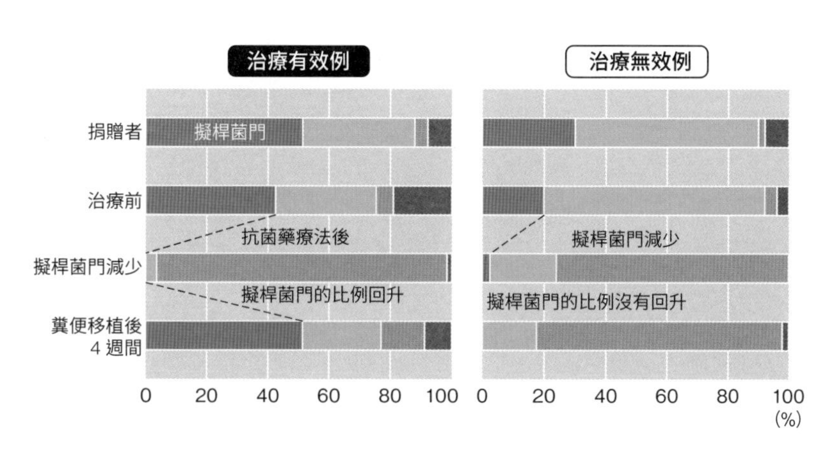

圖　實施糞便移植療法併用抗菌藥的療法後，腸內菌叢的變化圖

◆非侵入性連續血糖監測

隨時監視患者的血糖值變化

終於有不必採血（非侵入性）就能測量血糖的方法。只要將感測器裝在腹部和手臂的皮下組織，即可將組織液中的葡萄糖量轉換為電流，並依據電流大小顯示血糖變動狀況。

二〇一七年一月，讓患者可隨時監測血糖值的「FreeStyle Libre」上市，九月在日本納入保險的適用範圍。此款血糖值測量機是由美國「亞培」（Abbott Laboratories）的日本法人販售。使用「FreeStyle Libre」檢測，不必採血就可連續測量十四天的即時血糖。

此款血糖機的特色是，機器是由患者自行管理而非醫師。患者只要在自己身上裝戴貼片式的感測器，並以手持機器掃描感測器，當下的血糖就會顯示在手持機器上，讓患者可以掌握自己的血糖值變化狀況。

由於患者可依據血糖判斷是否需進食以避免低血糖，或運動以抑制血糖上升，自行採取應變方法，因此此款血糖機有望大幅改變糖尿病的治療。

專業版的「FreeStyle Libre Pro」其實早在二〇一六年十二月就已經先行上市。該血糖機是醫師專用的，最多可測量十四天的血糖值。

有醫師表示，「監測時間長達兩週，只要能每週改變投藥劑量和種類，並分析血糖的話，就能幫患者開立最適當的處方」。

除此之外，若能隨時聯繫記錄患者的血糖值變化，也有助於發現夜間低血糖等狀況。

傳統的血糖機，都必須穿刺指尖採血，不能說是百分之百的非侵入性血糖機。採用新技術的「FreeStyle Libre」和「FreeStyle Libre Pro」這兩款血糖機，採用電流檢測的方式並不會出現太大偏差，因此不須再穿刺患者的指尖採血來校正血糖值。

（《日經醫療》雜誌　總編輯　倉澤正樹、
《日經醫療》雜誌　古川湧）

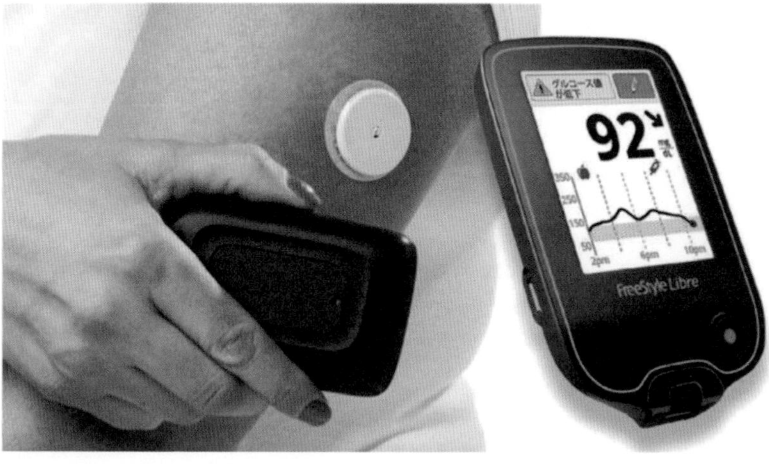

圖　讓患者可隨時掌握血糖值的血糖值測量機「FreeStyle Libre」（照片來源：日本亞培）

◆觀測血管內影像

觀測主動脈剝離的徵兆

觀測血管內影像的目的，是觀察患者動脈內硬塊（粥狀硬化）的數量、分布、形狀，以及血管內膜是否有破裂等狀況，協助診斷狹心症等心血管疾病。

近年發展特別迅速的血管相關檢查，是「血管內視鏡檢查」和使用超音波即時觀測血管內部斷層成像的「血管內超音波檢查」（IVUS）。這兩種檢查都不需要照X光，因此患者不會暴露在輻射線下。這些檢查於一九九〇年代就引進臨床現場，並持續追求技術革新。

血管內視鏡檢查的技術革新之一，是日本「大塚控股集團」子公司「JIMRO」於二〇一七年五月推出的「Angioscope IJS - 2 · 2」血管內視鏡。它內建「3MOS」感光元件和LED光源，可用高畫質輸出血管內的影像。

血管內視鏡的另一項技術革新，則是利用「Dual Infusion 法」觀測血流量比冠狀動脈多的主動脈，此方法可發現主動脈的細微損傷，例如過去難以診斷的主動脈剝離症狀。

相較於此，「IVUS」（血管內超音波檢查）也有推出新儀器。用法是將搭載超音波發射器的導管前端，由血管病變部位上方插入體內後，再慢慢拉出、並拍攝病變部位的影像。

此儀器將超音波的頻率從過去的四十兆赫（MHz）調高至六十兆赫來增加解析度，並能縮短檢查的時間。

過去要診斷狹心症、心肌梗塞等缺血性心臟病時，是實施冠狀動脈顯影，必須在血管內腔注射顯影劑並照X光，這樣不僅會讓患者暴露在輻射線中，也難以觀察硬塊的性狀和變化。

新型的「IVUS」（血管內超音波檢查）儀器由於影像具備高解析度，因此更容易看出血管內壁的L形剝離。另一方面，也能評估為改善冠狀動脈狹窄而置入體內的支架，被新生血管內膜覆蓋的狀況。此儀器所需的檢查時間比傳統儀器短，可縮短導管插入冠狀動脈的時間，降低患者缺血的風險。

（「日經醫療在線」網站　古川湧）

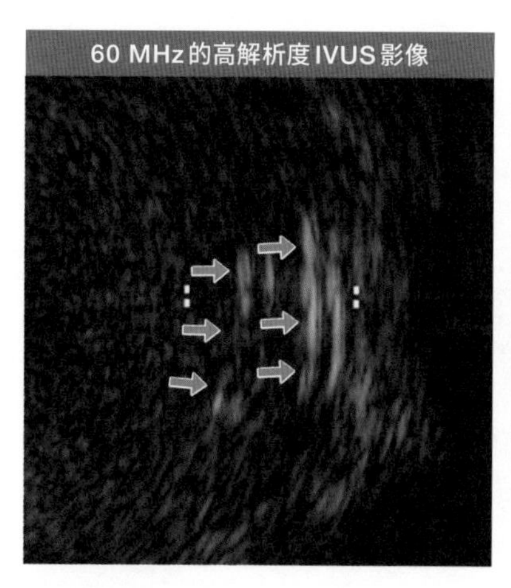

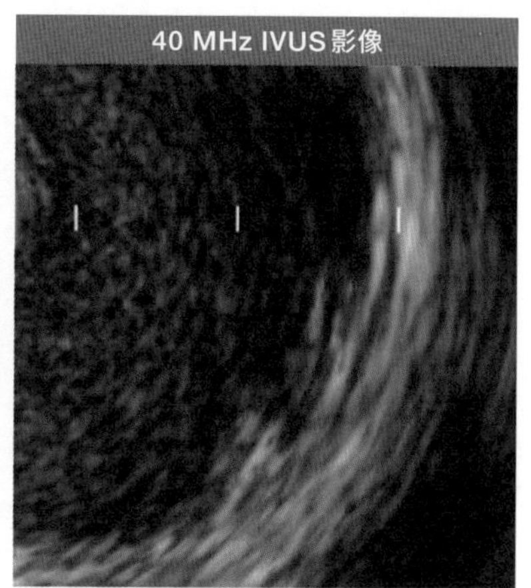

圖「血管內超音波檢查」（IVUS）所拍攝的影像

高解析度 IVUS（左圖）可觀測到支架（➡）。更便於確認支架位置是否正確，或是評估支架被新生血管內膜覆蓋的狀況。（照片來源：Acist Japan）

◆基因編輯

只要花幾千日圓，就能改造特定基因

基因編輯的技術，是指鎖定各種生物的基因組（DNA），利用宛如剪刀般的蛋白質（核酸酶）去切斷基因組，利用DNA序列變化的修復機制改變基因，或利用置換類似DNA序列的機制，在切斷的部位添加其他生物的DNA序列。由於此技術可自由改變各種生物的基因組，因此已迅速應用於食品、藥物研發等生技領域。

截至目前為止，基因編輯業界共發展出三大技術，包括第一代的「ZFN」、第二代的「TALEN」及第三代的「CRISPR／Cas9」。其中第三代的「CRISPR／Cas9」可在極短的期間內以相當低的價格改變基因組，因此應用發展迅速。「CRISPR／Cas9」可以改變植物、魚類、線蟲、老鼠、豬、猴、人類等各種生物的基因，泛用性也加速此技術的普及。

就全球來看，「CRISPR／Cas9」在農林水產、化學及醫療等領域都有人展開各種研究，不僅可用來製造實驗用的基改動物和基改細胞，也用於製作以實用為目的之有用品種、或建立能有效率生產物質的細胞、研發改善疾病症狀的基因治療等。

例如，利用「CRISPR／Cas9」移除「肌肉生長抑制素」（Myostatin）的作用，可促使肌肉生長，增加豬禽和鯛魚的可食用部位。並且，也有人正在研究剔除導致萊伯氏先天性黑蒙

症（LCA）這種難治疾病的基因異常（變異）。

傳統的主流基因改造技術，是使用放射線照射多個個體來改變其基因組，接著挑出特定的突變個體，透過同源重組機制導入特定基因，改造其DNA序列。

但是，從利用同源基因改造方式生產基因剔除鼠來看，需花費三百萬至五百萬日圓，期間長達一至二年。而「CRISPR／Cas9」問世後，試藥費僅需數千日圓，所需期間也縮短至只需一個月而已。

（《日經生物技術產業》雜誌
副總編輯　久保田文）

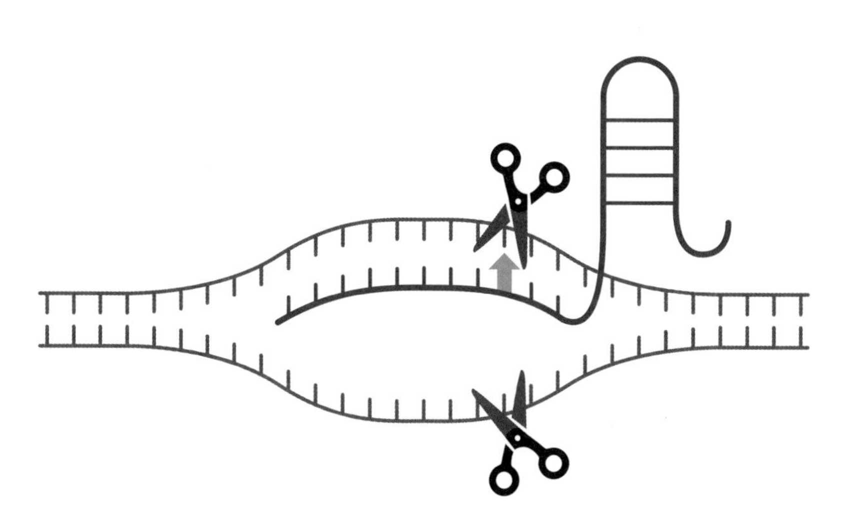

圖 利用基因編輯切斷目標基因

◆次世代輕便型基因定序機

無論在野外或外太空，都能以便宜價格解讀生物的基因

為大家介紹可高速讀取基因和基因組鹼基序列的小型裝置。

二〇一五年，英國的「牛津奈米孔科技公司」（Oxford Nanopore Technologies）推出全球首台檢測裝置「小小兵」（MinION）。「MinION」的尺寸只有手掌大小，使用時需要與電腦連線。主機本身免費，其感應器是拋棄式的，售價為一千美元。由於體積小，因此適合在戶外使用。甚至連美國太空總署（NASA）也採用了「MinION」來觀測水質的汙染狀況，以利水資源的回收再利用。

「牛津奈米孔科技」計畫於二〇一七年底再次推出更便宜且小型的產品。新品將減少讀取基因組（DNA）和核醣核酸（RNA）的感應器數量，讓拋棄式零件的成本從三分之一降低至五分之一。目前「牛津奈米孔科技」是成功讓次世代輕便型基因定序機達到實用化階段的公司，不過日本的「Quantum Biosystems」等企業也正在研發，以期活化市場。

生物的基因中包含了設計與製造蛋白質的資訊，而作為生物基因資訊總體的基因組中，存在著大量的基因。為了找出難治疾病的病因和治療藥物，就需要基因和基因組分析技術。各種生物的基因組資訊量都不同。例如人類的基因組就是由三十億個鹼基對組成，由於

資訊量相當龐大，因此才需要研發出能高速讀取檢體的次世代定序機。

次世代定序機將從多個基因片段中讀取鹼基序列訊號，透過電腦接合各片段，再拼成生物原本的完整基因組序列。可高速且大量解讀資訊的新技術，加速了普及化的速度，不過購買費用動輒數千萬至數億日圓。而且，為了增加基因片段，也必須使用螢光標記，並採用光學取像讀取定序，因此需要裝設大型設備。

相較於此，「MinION」具備由特殊蛋白質組成的奈米孔感測器，當單股DNA或RNA通過奈米孔洞時，將會產生不同的電流變化，藉此可辨識不同的鹼基。由於免去裝置讀取用的CCD鏡頭和雷射等，故能縮小體積並且降低價格。

（《日經生物技術產業》雜誌副總編輯　山崎大作）

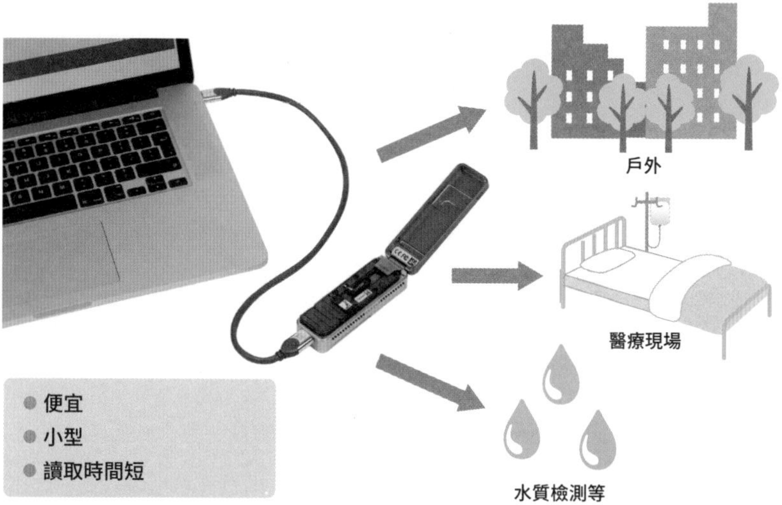

圖 MinION 的優點與用途

（照片來源：英國牛津奈米孔科技公司）

◆冷凍電子顯微鏡技術（低溫電子顯微鏡）

革新蛋白質等生物分子結構的解析技術

簡稱「冷凍電鏡」的「冷凍電子顯微鏡技術」（cryo－electron microscopy），是將生命分子等觀察目標放在零下二百度左右的極低溫環境中，以電子線擷取影像，透過電腦解析取得細緻的立體構造。「ｃｒｙｏ」是極低溫的意思，二〇一三年底問世後迅速獲得關注。

冷凍電鏡技術能以接近原子大小，也就是一埃格斯特朗（〇．一奈米）的解析度，擷取蛋白質等生物分子的立體構造。剖析與健康有關的生命分子和導致傳染病的生物分子構造，對於藥物研發將有所貢獻。另一方面，如果能解開負責植物光合作用的分子構造，就能實現人工光合成，未來將利用太陽光合成有機物質。

冷凍電鏡技術的簡略程序如下。首先，讓作為解析對象的蛋白質等生物分子的粒子維持在分散狀態，將樣品冰封在厚度接近粒子的冰層。由於一個蛋白質分子的大小約十奈米，所以在冰層中可冰封大量的粒子。接著將樣品放在冷凍電鏡下，一個晚上就能自動擷取出數百張高解析度的電子顯微鏡影像。

一張顯微鏡影像中含有數百個粒子，所以可擷取到十萬張以上的蛋白質粒子影像。從中篩選出數萬張品質佳的影像資訊，用電腦解析並重建立體影像，即可取得更詳細的資訊。

若是樣品品質佳，一週就能取得五埃格斯特朗解析度的影像，有助了解構成分子的原子資訊。利用這些資訊，約一個月就能獲得原子模型。

由於冷凍電鏡的設備投資金額高達一億日圓至二億日圓，因此引進單位多為研究機構、大學、製藥及化學相關企業等。

傳統上主要是透過「X光晶體繞射法」來解析生物分子的構造。用X光照射晶體，利用結晶內密度不同而產生X光繞射的物理現象，可解析出立體構造，當晶體越規則且越大，越能獲得詳細的立體構造資料。但由於很難取得高品質的生物分子結晶，因此目前尚未釐清許多蛋白質的立體構造。全新的冷凍電鏡技術不需結晶化就能解析生物分子構造，是很值得期待的技術。

（《日經生物技術產業》雜誌　資深編輯　河田孝雄）

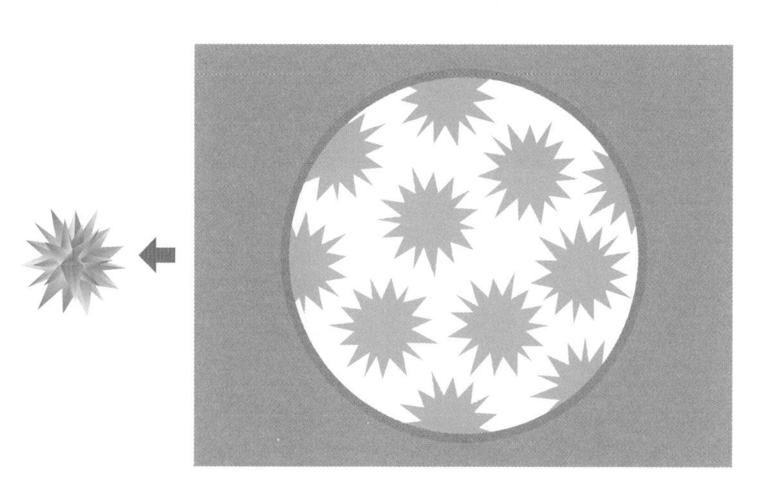

圖　利用各種方向的生物分子平面圖像（2D），透過電腦計算，重組出立體構造（3D）影像

◆全固體電池

可大幅提升電動車性能的新一代電池

「全固體電池」是新型態的電池，特色是使用固體的電解質（攜帶電荷在正負極之間傳導的介質）。舊式的電池則是使用電解液。

全固體電池有望取代目前大部份手機和電動車（EV）所使用的鋰離子電池（鋰電池）。由於一般預測EV正式普及的時機可能在二〇二〇～二〇二五年，因此大多數研發廠商也預計將在這段期間投入全固體電池市場。

全固體電池發展至現階段，已經陸續研發出多種基本性能超越舊式電池的產品。例如，「豐田汽車」就與東京工業大學等合作，成功試做出全固體電池，其能量密度為鋰離子電池的二倍、功率密度則在三倍以上。若將此電池搭載於電動車，三分鐘就能充飽電。未來不必利用蓄電池大量儲存電能，只要多充電就能增加行駛距離，可讓車體輕量化並降低價格。

世界各國也有很多企業投入研究。德國汽車零件大廠「博世」（Bosch）和英國家電廠商「戴森」（Dyson），皆陸續於二〇一五年～二〇一六年間併購全固體電池的新創企業。美國的「蘋果」公司也已開始研發全固體電池，由數百名工程師參與「iCar」電動車的研發。

全固體電池之所以受到關注，是因為使用固體電解質，多項技術優於鋰離子電池。除了安全性高，不會造成電解液外漏以外，也不含揮發成分，所以不易產生火花。而且由於固體電解質較硬，電極形成樹狀結晶導致電池短路的可能性較低。在百度高溫下也能正常運作，在負三十度的低溫下的效能也優於鋰離子電池。

由於具備高度潛能，所以世界各國已經花了超過三十年在研發全固體電池。雖然需要耗費時間解決技術難題，不過已經試做出基本性能優於鋰電池的樣品。目前的研發也著重於縮短製造時間和量產化。

（《日經電子》雜誌　野澤哲生）

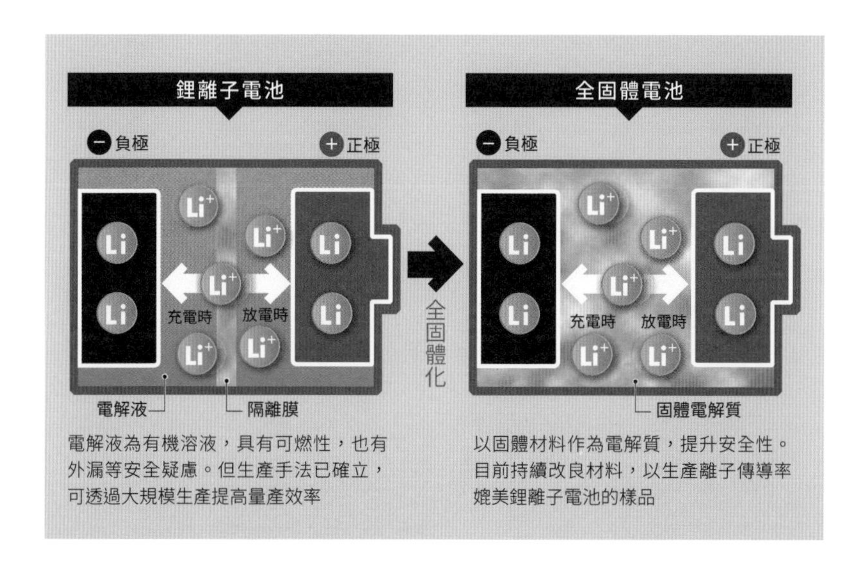

圖　全固體電池與鋰離子電池的比較

◆車載ＨＵＤ（抬頭顯示器，Head－up Display）

將行車資訊投射到汽車的前擋風玻璃

「車載ＨＵＤ」（抬頭顯示器）是指可將車速、行車資訊投射在駕駛視線前方約二公尺處的車載顯示器。顯示器內部有安裝光源、反射鏡及放大鏡，可藉光源反覆反射、擴大影像，並於汽車的擋風玻璃或光學合成器（Combiner）上投射出虛擬影像。優點是可減少在行車中移動視線，提升安全性。

目前「ＢＭＷ」和「奧迪」等歐洲汽車大廠對車載ＨＵＤ的態度都很積極，日本汽車也開始搭載ＨＵＤ了。二〇一七年二月，「鈴木汽車」（SUZUKI）推出改良的新型「Wagon R」，這部輕型車就首度搭載由「Panasonic」出品的ＨＵＤ。

隨著搭載ＨＵＤ的車越來越多，相關廠商也格外競爭。目前ＨＵＤ市佔率較高的廠商為「日本精機」、「德國馬牌」及「日本電綜」等公司，上述每家廠商都有儀表板相關產品。而緊追在後的則有「Panasonic」、「Pioneer」、「三菱電機」等車用導航廠商。由於是將所有儀表和導航資訊投射於ＨＵＤ上，因此各公司皆產生「未來可能將不再需要儀表板表和車用導航系統」的危機意識。

未來HUD的研發重點，將是與AR（擴增實境）技術結合。將HUD形成的資訊投射在擋風玻璃上，再重疊資訊與目標物的位置，採用ADAS（先進駕駛輔助系統）用的鏡頭來辨識目標物。運用AR技術的HUD將於二〇一七年起邁入實用化，剛開始只能簡單顯示行車資訊，但預計到二〇二〇年左右，將進步到可投射安全資訊，例如將警告圖示重疊顯示於可能發生碰撞的危險物以及前方路況上，以提醒駕駛人留意。

此外，隨著自動駕駛技術進步，駕駛人不控制車輛的時間變長後，廠商也可能提供更多新服務。例如「自動駕駛時在前方顯示遊戲角色，讓待在車內的時間變得更有趣」、「配合行經商店的位置，顯示店家廣告」等。

（《日經汽車》雜誌　資深編輯　高田隆）

圖　運用 AR 技術的 HUD 示意圖（照片來源：德國馬牌）

◆插電式混合動力車（ＰＨＥＶ）／電動車（ＥＶ）

節能車的競爭白熱化

「ＰＨＥＶ」(Plug-In Hybrid Electric Vehicle）是指「插電式混合動力車」，而「ＥＶ」(Electric Vehicle）則是指「電動車」。

「ＰＨＥＶ」結合了馬達與引擎，日常行駛主要使用馬達帶動，長途行駛則併用引擎動力行駛。「豐田汽車」的內山田竹志會長，在二〇一七年二月的新型ＰＨＥＶ車款「PRIUS PHV」發表會上表示，「ＰＨＥＶ將是未來主流的環保車。」

新型ＰＨＥＶ車款「PRIUS PHV」的馬達，充一次電的行駛距離（ＥＶ行駛距離）達六十八．二公里(依日本機動車燃油排放標準「ＪＣ０８模式」計算)，是上一代的二倍以上。上一代ＥＶ行駛距離短，總出貨量僅約七萬五千台，「豐田」因應這樣的失敗經驗，重新打造新型車款。定價三百二十六萬日圓起，上市一個月就收到約一萬二千五百台的訂單。

相較於此，「日產汽車」認為在長途行駛時，無法充電的ＰＨＥＶ就沒有存在價值，因此主推增加續航距離的ＥＶ。二〇一七年九月發表ＥＶ「ＬＥＡＦ」，將ＥＶ的行駛距離從二百八十公里增加到四百公里(同樣依「ＪＣ０８模式」計算)。

就ＰＨＥＶ和ＥＶ來看，後勢看漲的應該是ＥＶ。而電池價格將是影響ＥＶ價格的重要因素，預估二〇二〇年以前，電池價格將降到每千瓦時（kW·h）約一萬日圓。對比二〇一〇年時的價格高達八萬~九萬日圓。

「日產」二〇一六年推出搭載串聯式油電混合系統「e-POWER」的小型車「NOTE」，它是用引擎發電再驅動馬達，感覺就像開電動車。此車款創下銷售佳績，可看出消費者已經漸漸可以接受電動車。習慣開「NOTE」或「e-POWER」電池驅動系統的消費者，應該可以無痛改成駕駛電動車。

此外，「福斯」和「戴姆勒」等德國車廠也在積極研發EV。福斯計畫於二〇二五年以前推出五十種以上的EV，將新車銷售中的EV比例，從目前的1%提升到25%。美國的「特斯拉」則在二〇一七年七月底推出電動車「Model 3」，售價是三萬五千美元（約一百零三萬台幣）起跳。

（《日經汽車》雜誌　久米秀尚）

圖 展現 PHEV 優勢的豐田汽車內山田竹志會長

◆複合材質車體結構

減掉數百公斤，實現車體輕量化

目前的趨勢是組合多種異材質來製造車體，同時維持或提高強度或剛性，並達到輕量化。

這波趨勢是由德國的汽車大廠為首而開始嘗試。「BMW」是組合碳纖維強化塑膠（CFRP）、高張力鋼板、鋁合金等輕量材質和一般的鋼來設計車體，讓豪華房車「7」系列的車體減重，最多可減掉一百三十公斤。另外，「奧迪」也大膽採用鋁合金這種輕量化材料。利用鋁合金和高張力鋼板等打造複合材質構造，設計出新型車體，讓多功能運動型休旅車（SUV）「Q7」的重量減掉了三百公斤。

這兩家公司都積極採用複合材質，原因是傳統以鋼板為車體主要材料的方式，很難大幅減少重量。「汽車的車體結構大致上已經定型。若要再減輕重量，只能講求適才適所，選用輕量化的材料」（BMW）。

目前，不僅BMW和奧迪，所有汽車廠商和汽車零件製造商也都正在研發輕量化技術。各公司期待利用複合材質構造減輕車體重量，實現低油耗車，才能及早因應越來越嚴格的耗能規範（二氧化碳管制標準）。

（《日經製造》雜誌　副總編輯　近岡裕）

圖 BMW 的「7」系列

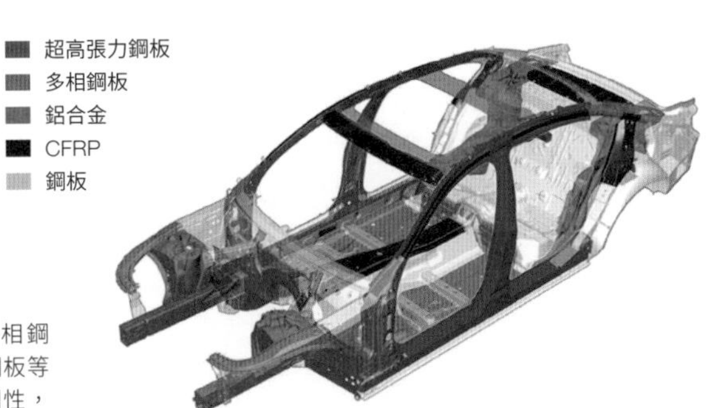

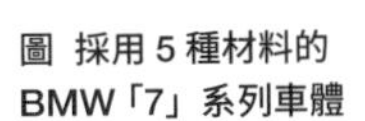

圖 採用 5 種材料的 BMW「7」系列車體

使用超高張力鋼板、多相鋼板、鋁合金、CFRP 及鋼板等 5 種材料，提升強度與剛性，達到輕量化的目的

圖 奧迪的 SUV「Q7」

◆超高張力鋼板

當車輛碰撞時，可利用中央汽車骨架保護乘客安全

「超高張力鋼板」是指抗拉強度達九百八十ＭＰａ（百萬帕，壓力單位）級以上的鋼板。這種材料目前大量活用於製造汽車車體，目的是減輕車體重量，提升碰撞安全性。

當車輛發生碰撞時，汽車中央的超高張力鋼板骨架可保護乘客。另外，汽車前部和後部的骨架，則會採用強度低於超高張力鋼板的鋼板，以吸收碰撞時的衝擊力道。以上是打造車體的基本概念。

瑞典車廠「Ｖｏｌｖｏ」於二〇一六年推出多功能運動型休旅車（ＳＵＶ）「ＸＣ９０」，首度搭載「ＳＰＡ可擴展平台架構」(Scalable Product Architecture)並大量採用「熱間鍛造」的超高張力鋼板。不但車體重量比前一代減掉約一百二十五公斤，也提升了碰撞安全性。

通常零件廠在製作熱壓成型材料時，是將五百九十ＭＰａ～七百八十ＭＰａ級的高張力鋼板加熱軟化，壓製成型後放入模具內冷卻，以提高強度。雖然加熱設備會增加成本，但成形較容易且強度高。目前，實用化的等級已來到一．八ＧＰａ（十億帕，壓力單位）。

日本廠商過去大多使用「冷間鍛造」的超高張力鋼板。製造冷間鍛造材料需經加熱處理以提升強度。優點是零件製造商可沿用目前的製造設備來製造汽車骨架。

然而，增加強度可能導致成形性變差，冷間鍛造目前的實用化等級只到一・五GPa。因此，目前日本廠商也開始擴增熱間鍛造材料的應用領域。因為統合各車型的設計平台，可於同一個平台上設計多種車型，那麼使用熱間鍛造材料也不會增加成本。

例如，「豐田汽車」打造了「豐田全新全球化架構TNGA」（Toyota New Global Architecture），強化車型零件共享，並統一車體骨架運用高張力鋼板的方式。之後推出首度採用全新TNGA底盤結構的新型混合動力車（HEV）「PRIUS」，採取一・五GPa級熱間鍛造材料與九百八十MPa級冷間鍛造材料，使用比例從第三代的3%提升至19%。

（《日經汽車》雜誌　資深編輯　高田隆）

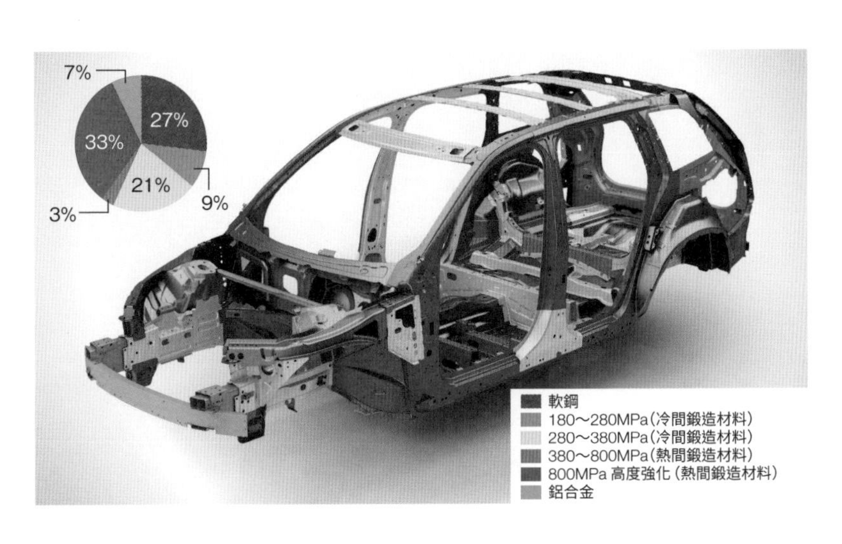

圖 Volvo 新型「XC90」的車體骨架

◆第五代行動通訊系統（5G）

目標是打造更完備的車聯網

目前主流的通訊技術是4G和LTE，這是稱為「第四代行動通訊技術標準」的次世代通訊規格。下一代規格為5G，最高傳輸速度達每秒10Gbp，比目前的4G快三十倍，而且未來的用戶需求量將高出當前數百倍。不僅具傳輸資料時低延遲的優勢，也提高可靠度。預估二〇二〇年日本可於東京奧運中推出5G試驗網路。

隨著手機使用者暴增和影像內容普及化，除了可因應增加的網路流量之外，廠商也期望能打造連結家庭裝置、穿戴式裝置、環境感應器、汽車等各種「物品」的IoT（物聯網）基礎設施。例如，可利用5G網路打造更精密且快速的機器人，或是讓汽車可自動偵測靠近中的車輛並自動迴避碰撞。5G網路也可應用於改變以使用有線電路為主的公共設施、健康管理或災害防治等廣泛領域。

目前日本「NTT」集團與「豐田汽車」於二〇一七年三月，宣布共同研發「5G車聯網」（Connected Car）。這兩家公司共同執行蒐集眾多車輛的狀態與行車資料等資訊、研發分析處理IT（資訊技術）、推動5G汽車標準化工作、評估邊界運算（終端解析）的適用性等。

此外，電信業者也積極將5G應用於車載機器。日本「KDDI」電信公司與「豐田」共同研發車聯網用的通訊平台；「日本軟銀」(SoftBank)也透過子公司「SB Drive」研發將5G應用於車聯網，更成立提供車載資通訊系統的子公司。

但是，唯有降低基地台等通訊設備的價格，才是5G技術普及的關鍵。如果無法降低成本，就會因為目前4G已充分滿足日常生活所需，導致5G的應用發展只侷限於大都市。

（《日經電子》雜誌　三宅常之）

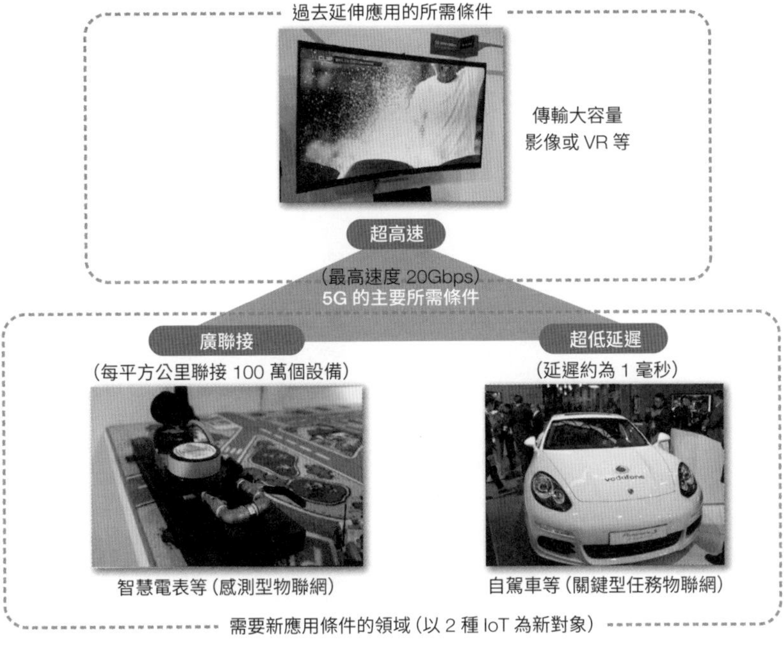

過去延伸應用的所需條件
傳輸大容量影像或 VR 等
超高速
（最高速度 20Gbps）
5G 的主要所需條件
廣聯接
（每平方公里聯接 100 萬個設備）
超低延遲
（延遲約為 1 毫秒）
智慧電表等（感測型物聯網）
自駕車等（關鍵型任務物聯網）
需要新應用條件的領域（以 2 種 IoT 為新對象）

圖　期待應用於自駕車和感測器的 5G 技術

◆空中下載OTA（Over The Air）

可無線更新的車載電腦軟體

以下要介紹可無線更新汽車「ECU」（Electronic Control Unit，電子控制單元，又稱車載電腦）軟體的技術。

採用此技術的車載電腦，要修補軟體程式錯誤（bug）時，會先無線下載更新軟體，待停車等適當時機才進行更新。準備就緒後，會在車內的中央顯示幕顯示更新通知，讓駕駛人選擇要立刻安裝或延後提醒。

「OTA」（Over The Air，空中下載技術）有助於汽車廠商降低修正bug的成本，並增加使用者的便利性。若採傳統方式，每次要升級軟體時，都要把車開到維修廠等待連線。

除此之外，OTA不僅可修正bug，也能新增軟體功能。例如美國「特斯拉」的車款搭載了高性能硬體，未來只要更新軟體，就能新增各種功能並提升性能。特斯拉於二〇一六年十一月提供的「軟體8·0」，大幅強化了自駕功能。未來，也預計透過OTA提供完全自動駕駛的軟體。

不過，儘管OTA優勢多，但仍有安全疑慮。如果遭人惡意使用無線軟體的更新機制來控制車輛的話，就會發生致命的危險。因此，運用OTA必須搭配穩固的安全措施。

目前，無線通訊模組與車內網路「控制器區域網路」(Controller Area Network，CAN)之間，有佈署稱為「閘道」(gateway)的新型ECU，可以作為防火牆，有效防止可疑來源的通訊或是軟體更新。閘道會檢查訊息來源的正確性和是否有遭到竄改等。

有些閘道還具備「偵測可疑入侵」的功能。即使防火牆被破壞，也能即時地處理可疑入侵。這些技術讓汽車廠商能更容易掌握地區、時段、車款以及可疑入侵的頻度，提出有效對策。

(《日經汽車》雜誌　副總編輯　木村雅秀)

圖 支援OTA的美國特斯拉汽車

◆超稀薄燃燒(Super Lean burn)

降低燃油車的二氧化碳排放量，幾乎與電動車相同

「超稀薄燃燒」(Super Lean burn)是指將「理論空燃比」高出兩倍以上的空氣，引入燃油引擎，燃燒極稀薄混合氣之技術。「空燃比」(Air-fuel ratio)是指空氣與燃料的質量比，而「理論空燃比」是最容易燃燒的比值。引進比理論空燃比更多的空氣，就能大幅提升引擎的重要指標「熱效率」。

「超稀薄燃燒」是值得期待的極致引擎技術，各家日系汽車大廠的目標，是在二〇二〇年左右推動實用化。如果能成功，原本需要幾百年才緩慢提升性能的引擎技術，幾年內就能全面進化。而且，若實現超稀薄燃燒，將引擎熱效率提升至目前的一．五倍，就能將燃油車的碳排量降到與電動車(EV)相同。

以馬達和電池驅動的電動車(EV)，行駛中不會排放二氧化碳。雖然依汽車技術和地區而所有差異，但若利用稱為「油井到車輪」(well to wheel)的新式能源分析法，將發電廠的碳排量也納入計算，EV相對於燃油車的優勢就不那麼明顯了。目前的趨勢是，EV的普及將使馬達和電池取代引擎成為汽車技術的核心，但若實現超稀薄燃燒，可能出現變局。對未來存有危機意識的引擎技術人員，都將超稀薄燃燒當作王牌，積極投入技術發展。

超稀薄燃燒之所以會提高熱效率，是因為提高了理論熱效率，和大幅降低燃燒溫度。

若能縮小汽缸內氣體和缸壁的溫差，可減少熱損失。並且也能降低氮氧化物（NOx）的產生量。將燃燒溫度降到比絕對溫度二千度還低時，就幾乎不會產生NOx。

不過，落實超稀薄燃燒的難度相當高。由於在燃料中混入極多的空氣，所以無法用一般的火星塞點火。「馬自達」（MAZDA）目前挑戰用HCCI（均質壓燃）技術來燃燒超稀薄的混和氣，但要確保能自動點火，這是最難克服的。

另外，使用超稀薄燃燒會讓引擎扭力只有理論空燃比的一半。針對這點，「MAZDA」是採用「向上優化」（upsizing）方式，大幅增加排氣量來維持扭力。

（《日經汽車》雜誌　清水直茂）

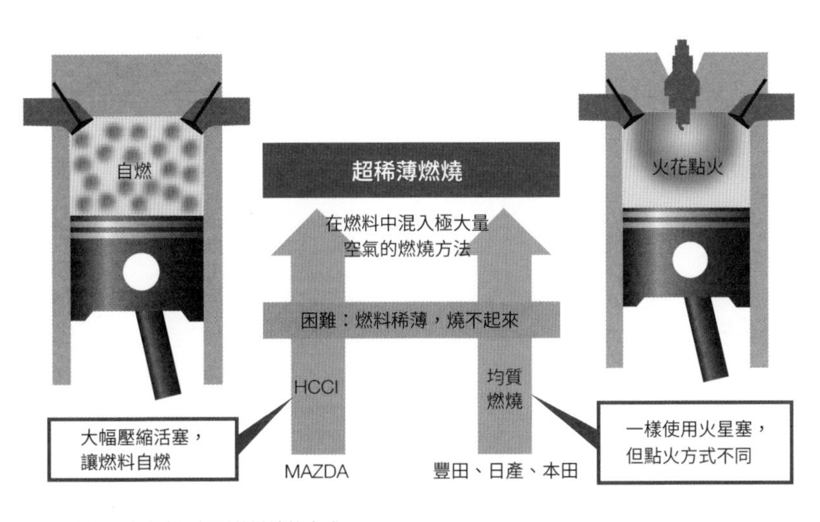

圖　日系汽車廠商應用超稀薄燃燒的方式

◆數位物流

以機器人取代商品搬運和揀貨人員

「數位物流」是利用機器人和IT（資訊技術），讓物流作業機械化，輔助作業員工作。為了因應物流現場嚴重人手不足的狀況，數位物流的應用越來越普遍。

許多物流中心早已開始運用各種機器人，以因應商品保管、搬運、揀貨、配送等業務。例如，目前有「貨架機器人」可以在貨架間穿梭移動、盤點商品庫存、自動化庫存管理。這些機器人可自動讀取貼在貨箱上的RFID（無線識別標籤）。

在揀貨流程中，還有「移動貨架」可輔助，這是由機器人將貨架搬到作業員所在位置，幫作業員省去走到貨架的時間。除此之外還有「推車機器人」，將裝貨完畢的箱子疊在推車上，作業員走到哪裡，推車就跟到哪裡，不必花力氣推車。

日本新創企業「ZMP」公司研發了自動運貨小型物流推車「CarriRO」，搭載追蹤功能「黑鴨模式」（編註：推車能自動偵測作業員所在的指標並加以追蹤），一次最多可控制讓三台推車跟在作業員後方。

此外，也可以由機械手臂或人形機器人來進行揀貨作業。隨著影像辨識等技術的進步，機器人可依商品形狀抓取適當的地方，放入貨箱中。

揀貨的工作往往佔了物流中心作業的大半，由於商品的形狀眾多，過去很難使用機器人進行揀貨作業。

未來則可期待利用小型的無人機和可自動行駛的送貨機器人出貨。無人機將商品送到你家門口的時代，似乎已經來了。

（「ITpro」網站　副總編輯　川又英紀）

圖 跟在作業員後方的「推車機器人」

圖 可讀取貨箱上 RFID（無線識別標籤）的「貨架機器人」

圖 將貨架搬到作業員位置的「移動貨架」
（照片來源：日立物流）

◆農業用無人機

從空中調查作物生長狀況並噴灑農藥

應用於農業的各種無人機，統稱為「農用無人機」。利用無人機來調查農作物的生長情形或是噴灑農藥等，可讓農務工作更有效率。或許是因為目前日本農業人口日漸減少，因此無人機可望成為解決人力短缺的工具。

例如，位於日本千葉縣香取市的「高橋梨園」（高はし梨園），就使用無人機來檢查栽種區域的防護網是否有破損、確認葉子的生長情形等。之後由作業員檢視無人機所拍下的影像資料，一旦發現異常，就會親自到現場檢查。

該農園占地面積約一公頃，栽種梨子、栗子、奇異果等作物，果園主人高橋章浩表示，「平常走路巡視園區約需三小時的作業，用無人機只要三十分鐘就做完了」。

由於無人機價格親民、操作容易，因此備受矚目。大部分的產業用無人機，價格皆低於百萬日圓。對農家而言，無人機就像低價的「空中農藥噴灑機」。以往雖然也可以利用無人直升機噴灑農藥，但其價格動輒超過千萬日圓，投入門檻太高。

操作簡單也帶動了無人機的普及化。透過無人機搭載的感應器和鏡頭，可掌握機體狀況和周邊景象，且只要使用專用軟體就能自動控制機體。

有些無人機還可以搭載GPS（全球定位系統）取得位置資訊，預先設定飛行路徑並自動飛行。操作無人的直升機需擁有專業技術，但無人機的操作技術門檻就沒那麼高了，因此廣受歡迎。

（《日經計算機》雜誌　岡田薰）

圖 操控無人機的高橋梨園主人高橋章浩

◆運用無人機檢查建築物外牆

原本需要五天的工程，只花五小時即可檢查完畢

預計從二〇一八年起，會有越來越多機會用到無人機來檢查建築物的外牆。二〇一七年六月，日本有地方政府發包給廠商，執行了全國首度無人機外牆檢查作業。此次是由日本靜岡縣委託東京都港區的「ERI Solution」公司，檢查「藤枝總合廳舍」本館的外牆。使用該公司與「SKYROBOT」公司於二〇一六年共同推動實用化的檢查技術，此技術也已經被民間設施採用。

該廳舍為地下一樓、地上四樓的鋼筋混凝土（RC）建築，高約二十公尺。過去通常必須利用高空作業車、吊船及鷹架等設備，才能對外牆磁磚進行定期的敲打式檢查，不僅需要高額的搭設費用，人員在高空作業也有相當的危險性。

此次檢修所使用的無人機，是中國「大疆創新」（DJI）公司的「Phantom 4」無人機。它在4K鏡頭下加裝紅外線攝影機，4K影像可偵測龜裂和劣化狀況，紅外線影像則可以測量外牆的表面溫度。從表面溫差即可推測出覆材隆起或剝落的地方。

一面牆只要十～十五分鐘即可拍攝完成，此次無人機外牆檢查共耗時四～五小時。靜岡縣在發包前，也曾開會研議需要傳統的敲打式檢查，但該檢查工程預估需五天才能完成。

（《日經建築》雜誌　谷口りえ）

圖 靜岡縣已實施用無人機檢查建築物外牆

圖 檢查中所使用的中國大疆創新（DJI）無人機「Phantom 4」

◆運用機器人維持與管理公共建設

搬運鋼筋、水中施工都由機器人代勞

利用機器人來做公共建設施工、檢修、災害調查等工作，可達到節省勞力和提高效率的目的。面臨人力短缺和高齡化社會，廠商也研發出部分功能大幅超越人類能力的機器人。

日本的「清水建設」與奈良市的「Activelink」公司和橫濱市的「SC Machinery」公司，共同開發出支援配筋作業的「配筋機器人助手」，此機器人助手稍微用點力，最多可搬運重達二百五十公斤的鋼筋。因此，只要由一名機器操作員搭配支撐鋼筋兩側的二名員工，僅需三人即可完成配筋作業。過去則必須由七、八人，才搬得動相當重的鋼筋。

機器人能依照人的動作輔助施工，是因為內建馬達和操控軟體，由操作員使用搖桿控制機器人的力道和方向。操作員透過馬達驅動機器人的手臂和手肘，可以往任意方向施力。

日本「安藤Hazama」公司與千葉縣八街市的「栗田鑿岩機」公司，共同研發出可在水底下切割混凝土的機器人「海豹」，並首度運用於水壩取水設施的翻新工程中。此外，也有將機器人應用於確保新、舊混凝土妥善接合的「修鑿」(chipping)作業中，作業效率是潛水員的三倍。其原理是由機體後方的螺旋槳產生推力，以鑽鑿敲擊混凝土壁面。

(《日經土木工程》雜誌　長谷川瑤子)

圖 模仿人類手臂的「配筋機器人助手」
（照片來源：《日經土木工程》雜誌）

圖 可在水底下切割混凝土的機器人「海豹」
（照片來源：《日經土木工程》雜誌）

◆建築資訊模型系統ＢＩＭ（Building Information Modeling）

支援建築物的規劃、設計、施工及維持管理

「ＢＩＭ」（Building Information Modeling，建築資訊模型系統）可製作建築物的３Ｄ模型，匯集建材、設備機器規格、維修狀況等資料，是可以全面整合建物的計畫、設計到施工、維修等工程的工具，亦可統一管理需長期使用的重要資料。

目前日本已有許多大型建設公司和建築事務所皆逐漸採用ＢＩＭ系統來提升業務效率。例如，「竹中工務店」將ＢＩＭ導入設計和施工流程中。配合設計和施工作業，建置ＢＩＭ模型，使用能確保兩種ＢＩＭ模型整合性的軟體，避免相互干擾。

在設施管理方面，也可以導入ＢＩＭ系統。例如「安井建築設計事務所」，在基礎設計的階段，有高達九成以上的計畫都採用ＢＩＭ系統。其中一例是結合地震儀和ＢＩＭ，針對該公司的東京事務所大樓，進行結構安全監控（Structural Health Monitoring）。

「鹿島建設公司」則是導入ＢＩＭ系統，讓施工計畫更有效率。該公司於二〇一七年開始將ＢＩＭ技術全面導入施工現場，並與「三菱綜合研究所」合作，整合ＢＩＭ與機器學習等人工智慧（ＡＩ）技術，自動擬定施工計畫。只要在幾分鐘內，就能規劃出原本需要一週才能擬出的施工計畫。

要導入BIM系統，可分為三個階段：第一階段是擬定起重機等暫設計畫、第二階段是建立各階段的工程計畫，第三階段則是透過機器學習，優化施工暫設計畫和工程計畫。

(《日經建築》雜誌 副總編輯　森清)

第一階段

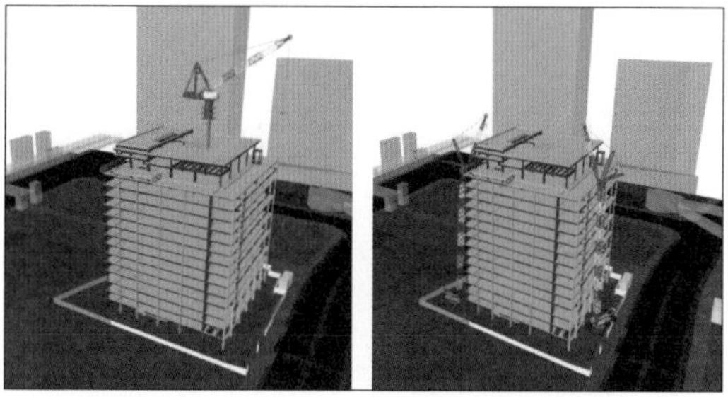

第二階段

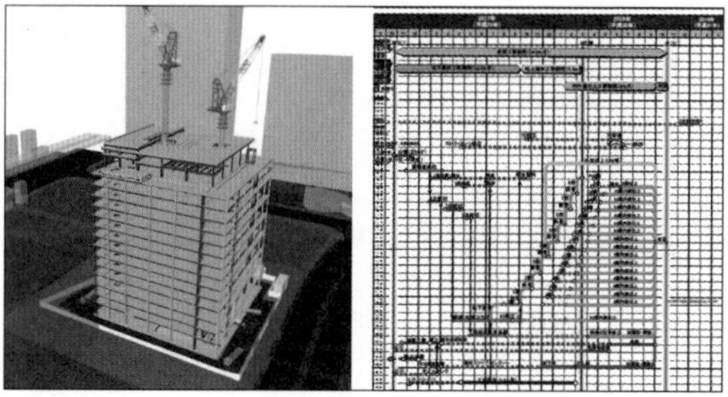

第三階段

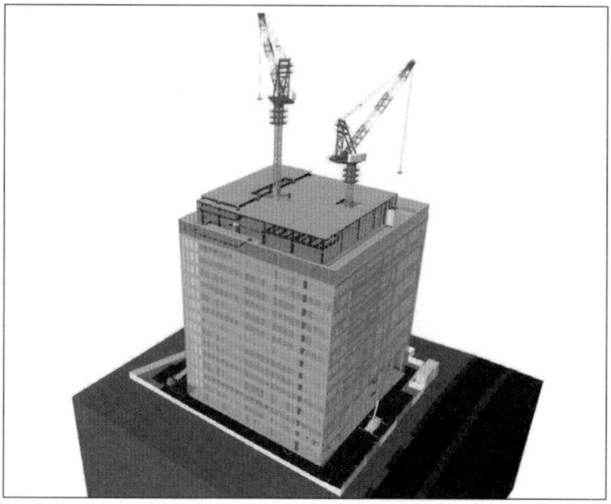

圖 利用 BIM 系統和人工智慧，自動擬定施工計畫的示意圖
(資料來源：鹿島建設公司)

◆淨零耗能住宅ZEH(Net Zero Energy House)

提供零耗能住宅的判定和設計支援服務

「ZEH」(淨零耗能住宅)是「Net Zero Energy House」的簡稱。將住宅的熱水器、空調、照明等能源消耗量,減去太陽能發電等再生能源後,所得出的年度一次性能源實際消耗量,若是低於零的住宅,就稱為「ZEH」(淨零耗能住宅)。

日本政府於於二〇一四年的「能源基本計畫」中,揭示了二〇二〇年以前打造新建獨棟住宅為淨零耗能住宅的目標。也陸續針對住宅公司,推出了「ZEH」和「BELS」等建築物節能減碳標示制度(Building-Housing Energy-efficiency Labeling System)相關服務。例如,住宅與建材設備公司「LIXIL」(驪住)集團在設計、協助申請事業中,新增了「ZEH輔助設計」服務,並於二〇一七年四月開始提供該服務。除了ZEH的簡易評估外,也會提供正式的ZEH評估、設計輔助及協助申請BELS。

「福井電腦」旗下的子公司「福井電腦建設」主要業務是研發3D CAD之類的建築繪圖軟體,於二〇一七年四月推出「節能評估服務」。不含稅使用費為每年一萬二千日圓。消費者可於該公司的網站上利用此服務,利用網站內提供的建材、設備資料,計算出外牆性能和一次性能源消耗量,可判別建築是否符合ZEH和BELS標準。

(《日經住宅建設》雜誌 副總編輯 安井功)

服務	類型	商品名稱	概要	結果
標準服務	A	簡易 ZEH 評估、意見	簡易 ZEH 評估(針對設計圖初稿做簡易評估，不合格時提供建議)	簡易 ZEH 評估、建議表
	B	零耗能 BELS 標章申請	正式 ZEH 評估。取得相當於零耗能(5 顆星)的 BELS 評估書	BELS 評估書・標章／BELS 申請書面一份／ZEH 基準評估報告書／外牆、一次性能源消耗量計算書
	C	BELS 標章申請	依所需住宅性能(2 顆星～5 顆星)計算，取得 BELS 評估書	BELS 評估書・標章／BELS 申請書面一份／外牆、一次性能源消耗量計算書
其他相關服務	D	ZEH 設計支援	正式 ZEH 評估(針對設計圖定稿、規格做正式的 ZEH 評估)	ZEH 基準評估報告書／外牆性能計算書／外牆、室內面積計算書／一次性能源消耗量計算書
	E	BELS 相關選擇性申請(長期良住宅等)	協助申請長期優良住宅等	BELS 評估書・標章／BELS 申請書面一份

圖 協助判別 ZEH 標準之設計案例

(資料來源：以 LIXIL 的資料製作上表)

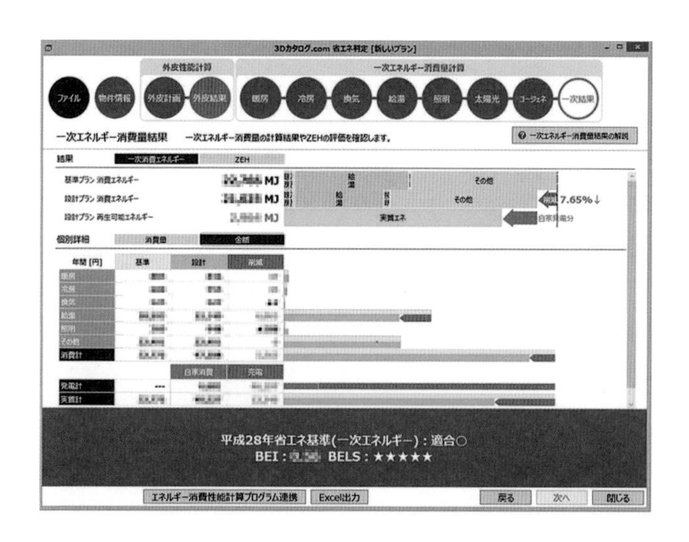

圖 符合 ZEH 標準的節能評估服務案例

(資料來源：福井電腦建設 FUKUI COMPUTER ARCHITECT Inc.)

◆線上診療

運用網路視訊診斷難治疾病與居家治療

線上診療，是指透過電腦或手機連上網路，以視訊進行診療的服務。雖然也稱為「遠距診療」，但已經有越來越多的案例超出「遠距」所規定的範圍。

例如，提供醫療、照護資訊和求才服務的日本「Medley」公司，於二〇一六年二月推出遠距診療系統「CLINICS」，到二〇一七年六月前，日本全國約有五百間醫療機構皆引進該系統。患者可從網站或手機預約診療，預約時間一到，即可透過視訊接受醫師診療。日本厚生勞動省在二〇一五年八月發出「通訊機器診療（『遠距診療』）相關事項」通知，促成這類服務的落實。眾多醫療機構在接獲通知後，紛紛投入線上診療服務。

在日本，遠距診療以往會受到法律的限制。依照日本厚生勞動省於一九九七年頒布的「遠距診療對象」相關規定，過去線上診療多以偏僻地區或離島的患者為對象。以往若對不適用規定的患者進行線上診療，將會牴觸日本醫師法第二十條所規定的「當面診療原則」。

如今受到擴大線上診療服務的影響，二〇一八年的日本診療報酬修正法案，也將試驗性地導入線上診療評估制度。但由於日本厚生勞動省堅持一貫的「當面診療原則」，因此線上診療只會被定位為診療過程中的一部分。

除此之外，線上診療依然存在著如何解決醫療糾紛、是否降低醫療品質等疑慮。

提供遠距診療服務「Port Medical」的「PORT」公司，就與東京女子醫科大學合作，於二〇一六年九月起開始針對「都市型遠距診療」的安全性、有效性及經濟性進行實證研究。

若能證實線上醫療的安全性和有效性，將攸關未來的醫療發展。

（「日經醫療在線」網站 總編輯 田島健、《日經醫療》雜誌 增谷彩）

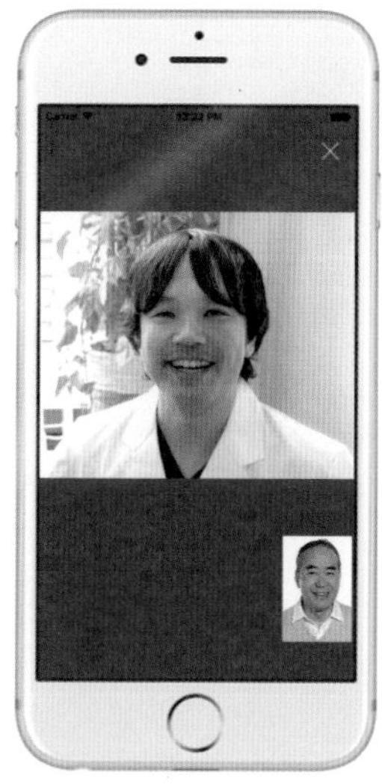

圖　患者透過自己的行動裝置，在遠距診療系統「CLINICS」中所看到的畫面
（圖片來源：Medley）

◆守護高齡者的感測器

大幅減輕照護員的負擔

運用感測器可以守護高齡長者。若此系統能普及於照護現場，可減輕照護員的負擔。

市面上已經有具備此功能的各種產品，不過最受到關注的是「行動預測型」的感應器，可透過室內動態影像和影像處理技術，掌握高齡者的行動，當高齡者有從高處跌落或跌倒的危險時，系統將會立刻通知職員。

例如由「King通訊工業」推出的「剪影照護感應器」，可透過紅外線鏡頭捕捉高齡者在床上的動作，辨別「起床」、「身體掉出床外」、「下床」等狀態，傳送影像和警示通知給照護員。在隱私權的考量下，畫面顯示的只有剪影，但不會影響系統辨識高齡者的動作。

某照護機構表示，引進剪影照護感應器，可降低照護員不必要的訪視次數。以前是讓入住者將感應器穿戴在身上，系統會在入住者下床、磁石脫落時，通知照護機構的員工，不過該類型的感應器過於敏感，只要稍微有動作，就會通知照護員訪視。此外，由日本「KONICA MINOLTA」推出的照護系統「照護支援解決方案」(Care Support Solution)，則是將感應器裝設在天花板的攝影機上，偵測入住者起床、下床、掉落床鋪及呼吸等動作。該產品的其他功能可輔助照護員記錄照護資料，以減輕負擔。照護員可使用攜帶式裝置上的語音輸入功能，透過無線通訊將電子照護記錄傳送到其他測量儀器，與其他照護員分享。

如果從「機器人輔助人的工作」這個角度來看，高齡者照護感測器可視為廣義的照護機器人。日本經濟產業省和厚生勞動省在二〇一二年至二〇一四年所擬定的「機器人技術應用於重點照護領域」中，將換車輔助、交通支援、如廁輔助、沐浴協助及照護等五個領域，皆列為照護機器人主要的應用範圍。

日本在二〇一七年六月由內閣會議決定的「未來投資戰略二〇一七」，其中揭示了目標：計畫將照護機器人的市場規模，從二〇二〇年以前的約五百億日圓，擴大至二〇三〇年的約二千六百億日圓。

（《日經醫療保健管理》雜誌　總編輯　松村謙一、《日經醫療保健管理》雜誌　江本哲朗）

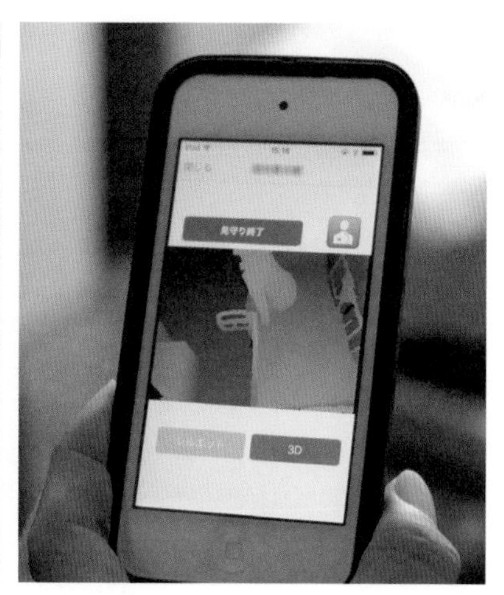

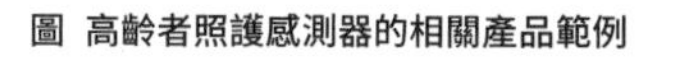

King 通訊工業推出的「剪影照護感應器」

將高齡者的動態剪影傳送到照護員的裝置

圖　高齡者照護感測器的相關產品範例

◆收視數據的運用

提供觀眾客製化服務

大數據科技也可以運用於電視節目的收視數據。運用收視數據，就可以推測觀眾的興趣和嗜好。自二〇一八年起，收視數據正式應用於定向廣告等領域。

自從進入電視可連接網路的時代，蒐集收視資料就變得更容易了，這也促進了大數據的應用。並且，日本總務省因應二〇一七年五月三十日「日本個人資料保護法」的修正施行，也推動修改「觀眾個人資料保護指導方針」(「節目播放指導方針」)。

修正條文中明確規定，使用收視數據前，應事先取得同意。此次修正，讓收視數據得以在完善的制度下獲得運用。舊有的節目播放指導方針中，只有規定須顯示付費節目費用等資訊，並未針對新領域的應用有明確規定，導致適用範圍出現灰色地帶。

新的收視數據應用，擴及「定向廣告」、「發送折價券」、「節目推薦．自動錄影」、「蒐集觀眾對節目製作及發展的意見」等新領域。例如，可連結觀眾的電視和手機，發送郵件、投放手機廣告等。

目前，網路直播活動也掀起一股熱潮。因此也可進一步推動定向廣告，從收視推測觀眾的嗜好，投放符合觀眾需求的廣告。

(《日經新媒體》雜誌 總編輯　田中正晴)

用途	內容
定向廣告	依照使用者觀看的記錄、觀眾屬性，投放符合觀眾需求的廣告（提供可買到劇中產品的網站、拍攝場地等相關資訊）
折價券	透過觀看節目累計點數，發送折價券（用觀看點數換取折價券至當地商店購物，或由電視台依使用者的觀看記錄發送折價券）
節目推薦・自動錄影	根據使用者觀看記錄、觀眾屬性，推薦節目或自動錄影
蒐集觀眾對節目製作及發展的意見	根據使用者觀看記錄，製作觀眾想要看的節目，調整節目表和內容

根據日本總務省「節目播放指導方針修正要點」製作

表 收視數據的主要用途

◆超小型電腦

——IOT時代的電子作業技術熱門教材

所謂的「超小型電腦」，是指售價只有幾千日圓，卻具備基本的功能，可應用於程式設計和電子作業的電路板，適用於教育領域，並逐漸影響程式設計的發展。在進入二〇二〇年後，或許每個孩子都可以用自己寫的程式驅動超小型電腦，控制電子機器。

二〇一二年，推廣電腦教育的英國「樹莓派」(Raspberry Pi) 財團，研發出超小型電腦「Raspberry Pi」。以讓學生人手一機為目標，第一代「Raspberry Pi 1」的定價為三十五美元；最新型的「Raspberry Pi 3」，維持在三十五美元的價格；功能精簡的「Raspberry Pi Zero」更只要五美元。保留必要功能，去掉不必要的功能，是讓價格如此平民化的關鍵。

雖然「Raspberry Pi」的外觀簡單，只是在電路板上裝置電子零件而已，但它具備了HDMI端子，可連接至家中的液晶電視，而且也有USB端子，所以也能直接連到電腦滑鼠和鍵盤。

在軟體方面，「Raspberry Pi」搭配的基本系統，是採開放原始碼軟體(Open Source Software，OSS)策略的免費 Linux 系統。標準版軟體則可選擇兒童慣用的軟體。

可以使用「Scratch」程式語言，也提供免費人氣遊戲「當個創世神」(Minecraft)，以及免費版的「Mathematica」，這是一套整合數字和符號運算的數學工具軟體。

「Raspberry Pi」在物聯網時代可以作為電子作業教材。它可以連結感應器等各種設備與零件到GPIO(輸入/輸出介面)，以控制LED、蜂鳴器、馬達等設備、讀取溫度感應器、照度感應器、麥克風等的訊號。

「Raspberry Pi」透過「Scratch」這類簡單的程式語言，即可控制連結的機器，如果能使用更正統的程式語言，還能進行更複雜的工作。

(《日經 Linux》雜誌 總編輯 岡地伸晃)

圖 Raspberry Pi 3 的外觀

電路板體積雖小，但最基本的電腦功能一應俱全

◆專為兒童設計的程式語言

吸引微軟和蘋果目光的軟體

如果想讓兒童學習程式語言，這就是專為兒童設計的學習工具。

「Scratch」、「Minecraft」、「Swift Playgrounds」都是具代表性的兒童程式語言學習工具。「Scratch」是美國麻省理工學院數位技術研究所「MIT媒體實驗室」(MIT Media Lab)所開發的兒童程式語言。將程式指令轉為程式區塊，畫面中的角色都有自己的程式區塊，只要將程式區塊移到腳本區，以組合積木的方式來撰寫程式碼，就能讓角色做出你設想的動作。使用者不需要用鍵盤輸入各項指令的程式碼，只要透過「圖形化程式設計」的方法即可簡單設計程式。

「當個創世神」(Minecraft)是透過電腦等平台來進行的遊戲。玩家可在電腦的虛擬空間中蓋建築物，並與其他玩家相互交流。「Minecraft」這套「沙盒遊戲」並沒有具體的目標要玩家達成，但風靡了全球的小學、中學生，並創下一億二千萬套的銷售佳績。二〇一四年美國「微軟」公司收購「Minecraft」的開發商，在二〇一六年十一月在全球推出「當個創世神：教育版」(Minecraft：Education Edition)。

美國「蘋果」公司也推出給兒童的程式設計語言學習工具。透過「Swift Playgrounds」，可以透過玩遊戲的方式，學習蘋果的程式語言「Swift」。使用者可在 iPad 等裝置上使用免費的「Swift」。而且「Swift」具備初學者模式，即使是對程式語言一竅不通的小孩，也可以從零開始輕鬆學習，製作出簡單的APP。透過模組化的設計，只需要點選，就能設計出「Swift」的程式。熟能生巧後，還能直接寫入程式。

（《日經軟件》雜誌總編輯　久保田浩）

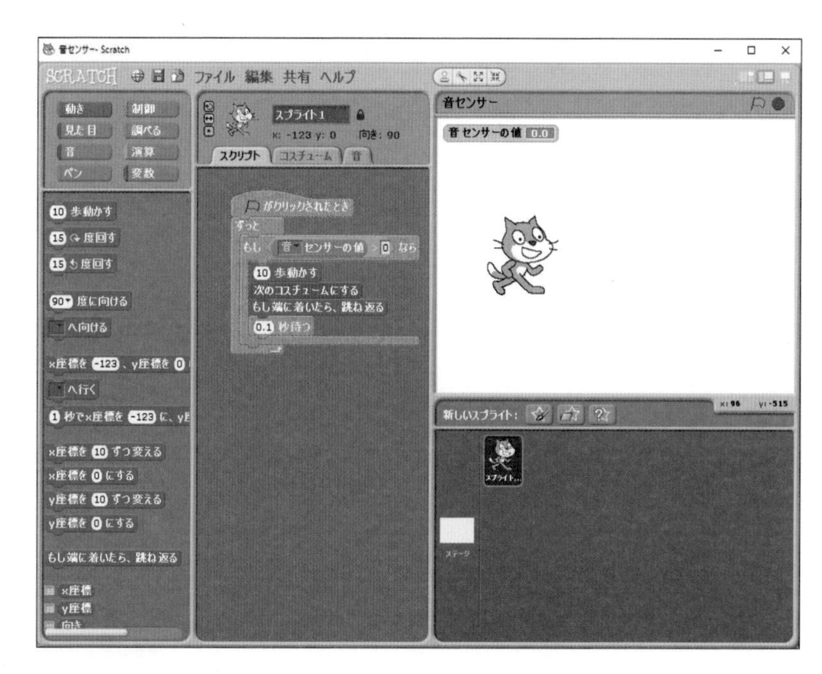

圖 Scratch 的使用介面

將程式指令轉換為程式區塊，只要將程式區塊移到腳本區，即可透過組合積木的方式撰寫程式

◆迷你運載火箭

日本再度挑戰製造迷你火箭

迷你運載火箭，是指以低成本發射重量僅數公斤至數十公斤的迷你衛星，送入高度二千公里以下的低太空軌道。日本在這方面不斷遭遇挫敗，但持續奮戰中。

二〇一七年一月十五日，日本發射了迷你運載火箭「SS－520 4號機」，不過由於出現通訊異常，取消第二段火箭的點火，導致實驗失敗。近年來，世界各國紛紛投入研發迷你運載火箭，發射失敗的原因也受到全球關注。

回顧當時火箭發射的情形。二〇一七年一月十五日上午八點三十三分，第一段的火箭成功點火、發射升空。但火箭在起飛20.4秒後即發生通訊異常，停止回傳數據給地面的控制中心，數據從控制中心的畫面上消失，後來也沒有恢復正常。由於無法掌握火箭的飛行狀況，因此取消第二段的點火，確認火箭隨後掉入指定的安全區域。

「SS－520 4號機」是二段式火箭「SS－520」改造版的三段式火箭，第一段、第二段馬達是使用原有火箭的零件，第三段則使用新研發的馬達。運用民生技術研發部分新零件，降低開發和研發成本。

已經成功升空的第一段馬達，為什麼會在飛行中發生異常？日本宇宙航空研究開發機構

（JAXA）表示，異常很可能是發生在線槽附近。線槽是第一段馬達、第二段馬達的連接部位，及連接上段部（第三段馬達）的電線保護殼。電線配置於第二段馬達殼的外側。由於此次火箭較輕，採用細的電線，並變更電線孔的位置。

相關人員推測，可能是各種原因造成電線絕緣披覆破損，線芯外露接觸到金屬零件，導致短路。未來，太空領域將持續擴大應用民生用品，必須重新檢討研發程序以防止異常再度發生。JAXA預計於二〇一八年三月前再發射迷你運載火箭（編註：本書中文版問世前，JAXA已於二〇一八年二月三日成功完成發射實驗）。

（《日經軟件》雜誌　副總編輯　中山力）

圖　發射 SS-520 4 號機的情形
（照片來源：JAXA）

◆耐震天花板

預防高風險的天花板掉落意外

已經有技術可以防止天花板掉落。由於在發生大規模地震時，天花板掉落會造成危險，例如在三一一東日本大地震時，就有很多地方的天花板因劇烈搖晃而掉落。因此各家廠商陸續研發出多種措施，措施之一就是日本橫濱市「SIGMA 技研」公司所開發的「單斜面坡口支撐Σ（SIGMA）天花板耐震工法」。

斜撐是常見的鋼筋補強材料。過去通常是將斜撐排放成V形，但天花板內還有空調和照明等設備，因此實際上很難以V形平均地放置斜撐。新式工法則跳脫V形，以對稱的單斜面將部分斜撐排列成八字形或倒八字形，可避開天花板內部的障礙物，排放更容易。

新工法使用獨特形狀的五金工具，因此只適用特定形狀的天花板。經過天花板橫木單向壓力試驗結果證實，容許應力達五千零九十牛頓（N）。

另外，日本建設公司「大林組」也研發出「Fail-Safe Ceiling」技術，可防止弧型天花板在地震時崩塌。方法是在天花板下方鋪設鋁製平板和網子等，以防天花板崩塌掉落。網狀建材與螺栓的連接部位，具備角度調整功能，不僅適用於平面，也能用於弧型和傾斜面。

（《日經住宅建設》雜誌　總編輯　淺野祐一、《日經建築》雜誌　菅原由依子）

圖 採單斜面坡口支撐的天花板結構
（照片來源：SIGMA 技研）

圖 應用「Fail-Safe Ceiling」技術打造的天花板，可防止弧型天花板崩塌
（照片來源：大林組）

◆可因應「長週期地震動」的隔震技術

即使隔震橡膠斷裂，也能支撐建築物

「長週期地震動」是指地震發生後仍長時間反覆搖晃的狀況。日本的隔震結構持續進化，以抵抗長週期地震動的搖晃。目標是在超乎預期的大地震發生時，還能支撐建築物。

許多日本大型建設公司正針對大規模地震中，隔震橡膠等結構大幅變形、挫屈及斷裂的情形加以研究。

建設公司「大林組」就研發出「軟著陸（soft-landing）隔震工法」，此工法具備了「新失效自趨安全（fail-safe）技術」，當發生大地震、隔震橡膠因斷裂而失去功能時，可由鋼筋混凝土結構支撐建築物。

此工法的原理，是在地樑側邊的上方結構與地盤面的下方結構之間，留有十到十五公釐的狹小空隙，同時在上方和下方結構的表面，鋪設滑動鋼板。當隔震橡膠因大地震而大幅變形且斷裂時，混凝土構造物會輕輕地觸碰到滑動鋼板，抵抗左右搖晃。由於是混凝土的構造物，所以平時不需養護。

這種巧妙抵抗地震搖晃，提升建築物安全的隔震技術，在導入超高樓層建築物時，還要處理地震搖晃幅度變大的問題。

京都大學的林康裕教授將大阪市區的超高層建築物做成模型來模擬，他輸入熊本地震中所記錄到的地震波數據，研究顯示，隔震層的最大相對位移超過一百公分。

隔震建築物與擋土牆之間，通常距離約六十～八十公分，當隔震層抵抗地震搖晃時，若位移超過此距離，就有可能會發生危險。

防震建築物的安全措施，仍有待進一步檢討與改善。

（《日經建築》雜誌　江村英哲）

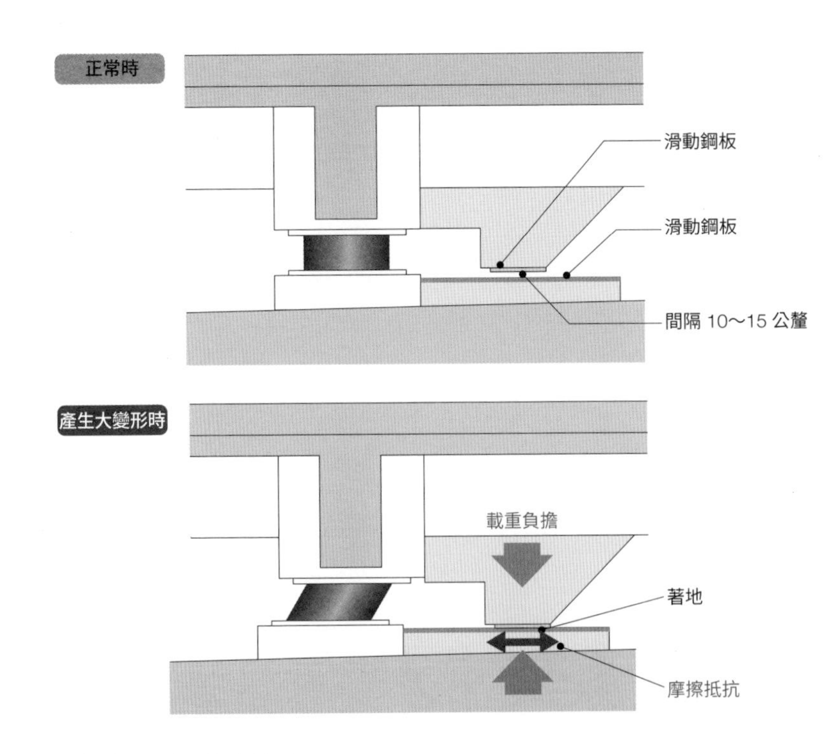

圖　大林組所研發的軟著陸隔震工法
（資料來源：大林組）

◆快速挖掘隧道的技術

無論面臨山岳或都市的嚴苛條件，都能如期完工

日本已經有能夠快速在短期內開挖隧道的技術。不斷研發出各種鑿削技術並邁入實用化，即使環境條件嚴苛，也能如期完工。

日本的「Linear 中央新幹線」和「東京外郭環狀道路（外環道）」都市區段正式施工後，就要開挖覆土層較厚的隧道，並針對位於高透水性地盤上的隧道進行地下擴徑工程。

挖掘山岳隧道時，需要用高精度的鑿孔技術，在岩面上鑽炸藥孔。例如，日本「前田建設工業」在開挖岩手縣三陸沿岸道路的「新鍬台隧道」時，就採用瑞典製的「全自動鑽堡機」，這在日本創下首例。這部鑽堡機可以根據設計資料自動鑽孔，在引爆岩面後，對隧道斷面做3D掃描量測，並應用於下一次鑽孔。這樣可以避免超挖，並減少10％的開挖土量，縮短運除泥渣的時間。而且，鑿削後的山脈表面竟然相當平整。開挖斷面的面積最大為一百二十六．三平方公尺，依二〇一六年二月的記錄顯示，平均每天掘進九．五公尺。

另外，在都市隧道方面，各公司也都積極投入地下擴孔工法的實用化。例如，「前田建設工業」研發出「CS－SC工法」，並取得專利權。這是在建造好的主隧道外圍排放小型潛盾機，掘進方向與主隧道平行，以擴大隧道寬度。

圖 採用全自動鑽堡機的新鍬台隧道
（照片來源：大村拓也）

所謂的「CS－SC」工法，是在一定的間隔下進行半數的潛盾隧道施工，當作「先行隧道」，再切削先行隧道的縫隙，建造出「後行隧道」。後行隧道中的小型潛盾機，在削切旁邊的先行隧道的斷面（作為隧道外壁的圓弧狀管片）時，會同時推進。使用碳纖維和玻璃纖維取代鋼筋作為可削切的管片，並使用輕量粒料，讓小型潛盾機的切刃齒可以進行削切。

在凍結先行、後行隧道周圍的地盤，防止地下水滲透後，就跨越兩條隧道，於內部配置鋼筋並灌漿。藉由將兩者相連，在主隧道外層建造鞏固的圓形外殼。最後，除去主隧道與外殼間的泥沙。

這種工法由於不會露出地盤，所以無論是透水性高、地質條件較差的地盤，或是在深度超過四十公尺的地下，都能建造出巨大的空間。業者未來的目標，是將此「CS－SC」工法應用於主隧道與閘道交叉口段（ramp tunnel）中分叉、會合的區段。

（《日經土木工程》雜誌　副總編輯　瀨川滋）

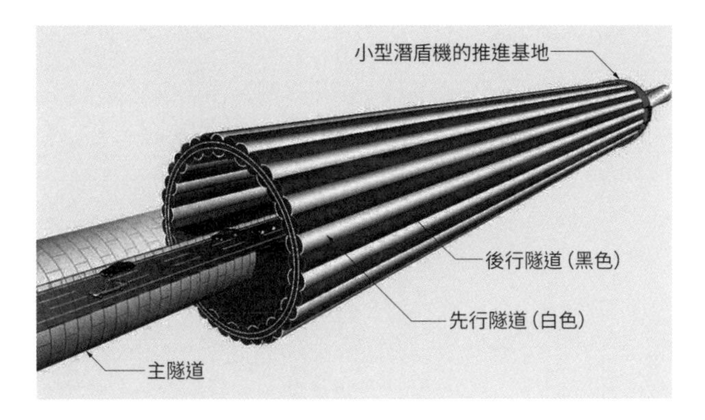

圖 以 CS-SC 工法進行地下擴徑工程的示意圖
（資料來源：前田建設工業）

圖 以小型潛盾機切削先行隧道斷面並掘進的情形
（照片來源：前田建設工業）

◆上行線潛盾隧道工法

不影響路面就能開挖豎井

這是由「大成建設公司」研發的「井內回收型上行線潛盾工法」。運用此工法，不必受限於路面設備和交通法規，即可開挖連通隧道的豎井和人行橫坑。未來將可以運用於人口、房屋較為密集的都市工程中。

該公司在大阪市所委託的幹線下水道管渠工程中，首度採用這種工法來挖掘三條豎井。掘削直徑為三．一五公尺，掘進速度為每分鐘四十八公釐。

這種工作方式，是讓潛盾機從下水道幹線的主隧道內，往地面方向開挖豎井，接著再將潛盾機吊掛回隧道內再利用。吊掛手法即為新研發的工法。該潛盾機分為內、外膛，是以軸銷連接，可以簡單分離。先取下切刃齒的外圍、縮徑，並將內膛吊下來；接著也把外膛機器吊下來。將吊下來的潛盾機移動至主隧道內，從隧道內供給材料，再往上開挖其他的豎井。以上這些工作都在地面下進行，因此不會影響路面狀況。

若使用舊工法，必須利用地面上的起重機，吊起挖掘豎井的上行潛盾機，回收再利用。新工法則不必擔心要繞過埋設於地表的基礎設施管線，也不必實施交通管制。

（《日經土木工程》雜誌 副總編輯　瀨川滋）

圖 用鏈條將開挖豎井的上行潛盾機吊下來
（照片來源：大成建設）

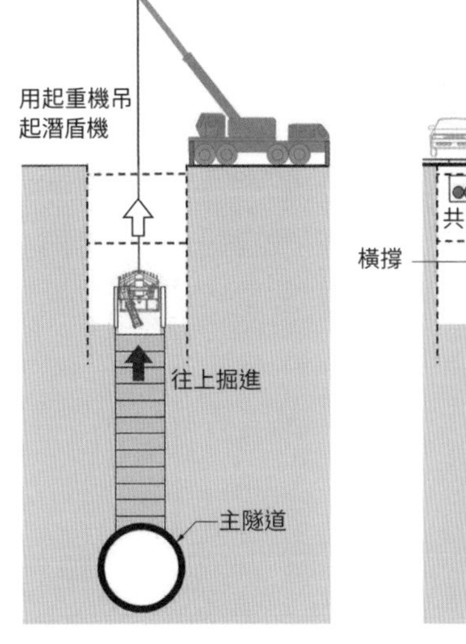

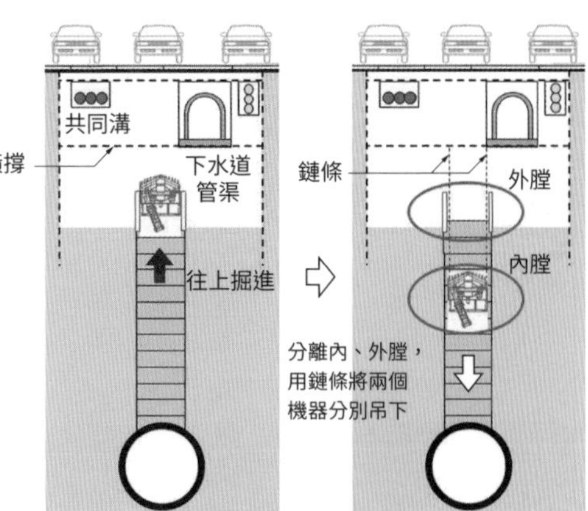

圖 新、舊工法的差異
（資料來源：大成建設）

◆具有彈性的混凝土

預防建築物產生破壞性的裂縫

這是由東京都墨田區「日本水泥技術公司」研發的新工法，先鋪一層彈性水泥（NDR），再上一層一般水泥，即可防止產生裂縫，造成鋼筋混凝土建築的鋼筋生鏽腐蝕。

此工法名為「ND緩凝劑工法」，是在底板上澆置約五十公分厚的預拌混凝土。由於添加羧酸鹽類（carboxylate）的超級緩凝劑，水泥最久可十四天不凝固。此彈性水泥的上方還要鋪一般水泥，雖然一般水泥會逐漸冷卻收縮，但由於下方的彈性水泥不會凝結，這樣一來即可預防產生裂縫。若將彈性水泥用於橋柱和橋樑底部，計算作用於水泥上每一平方公釐的張力，橋柱的部分最大為〇．九九牛頓（N），橋樑的部分則為一．七三牛頓，皆大大低於傳統水泥的張力強度，所以不會產生裂縫。

過去，當水泥溫度緩緩下降時，由於較早施工的水泥下方底板已無法彈性收縮，將使水泥內部產生張力，所以容易產生裂縫。以前雖然也會設置「龜裂誘發縫」來預防龜裂，但這樣的防範措施有載重和美觀上的問題。採取新工法就可以避免這些問題。

（《日經土木工程》雜誌　副總編輯　瀨川滋）

圖 在橋墩的樑底部，澆置添加了超緩凝劑的「彈性水泥」
(照片來源：《日經土木工程》雜誌)

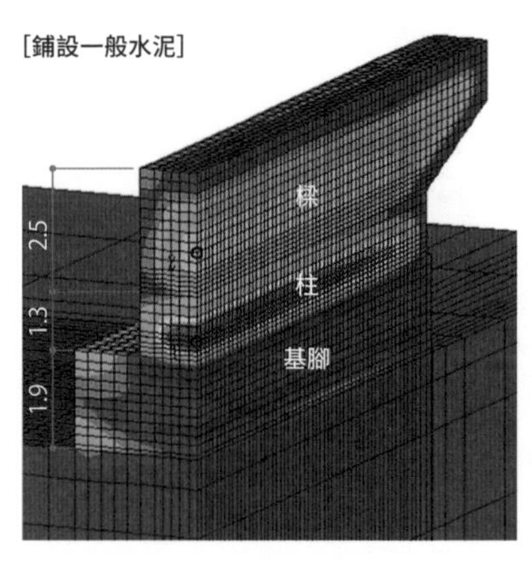

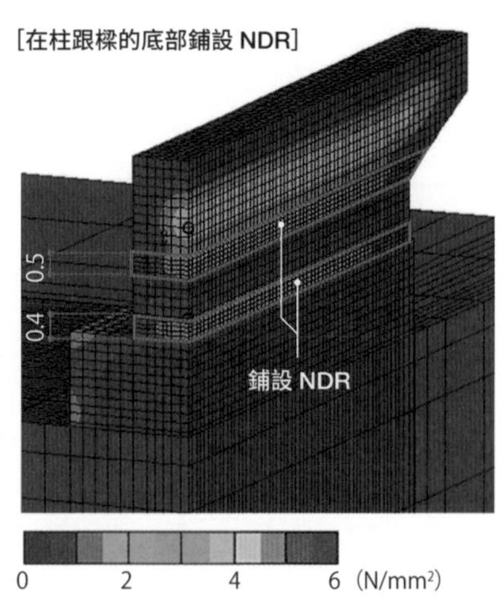

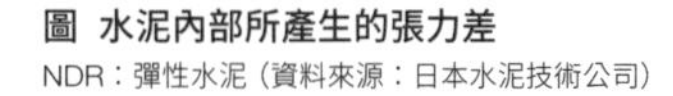

圖 水泥內部所產生的張力差
NDR：彈性水泥（資料來源：日本水泥技術公司）

◆半預鑄工法

省時省力，縮短工期

「半預鑄工法」是在工廠中先生產部分混凝土構造物組件，再載運至工地灌漿。建築工法中，「場鑄工法」是直接在工地現場釘模、紮筋、澆置預拌混凝土；而「預鑄工法」是先在工廠製造好混凝土組件後，再載運至現場組裝。而結合兩者的工法則稱為「半預鑄工法」。

日本「清水建設」公司於「東京外郭環狀道路（外環道）」千葉區段的工程中，就採用半預鑄工法來建造大型箱涵的側壁。由於難以在內部組立高密度的抗剪鋼筋，因此改用鋼板取代鋼筋。利用「PBL剪力連接件」（由開孔鋼板組成），組合預鑄鋼板構件以及場鑄的混凝土構件。在工地以機械接頭接合連結構件的橫向鋼筋，每隔十公尺於牆壁的延長線上澆置混凝土，施工期間比場鑄工法短了四分之一。由於牆厚超過二公尺，若全部都使用預鑄建築構件的話會變得太重，一般的起重機會吊不起來，因此才改用半預鑄工法。

一般在工地利用這種「半預鑄工法」，可達到省力的功效。除了工程較不受天氣影響，還可提升施工品質，此外還能縮短工期。若將鷹架、交通管制等成本納入計算的話，「半預鑄工法」的費用幾乎和場鑄工法是一樣的。

（《日經土木工程》雜誌　副總編輯　青野昌行）

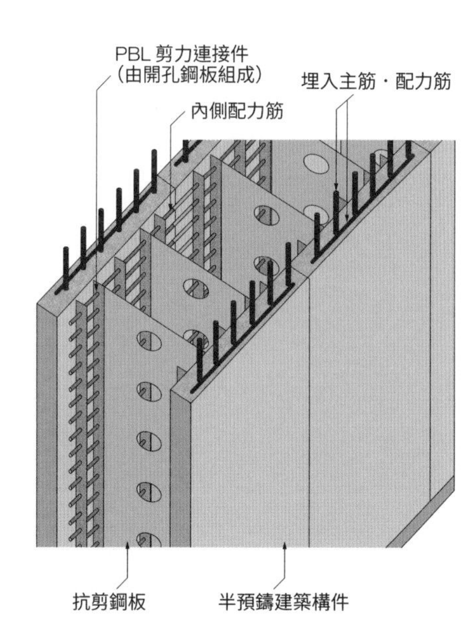

圖 外環道工程所採用的半預鑄建築構件
(資料來源：清水建設)

圖 使用半預鑄構件作為大型箱涵的側壁
(照片來源：清水建設)

◆使用環保水泥的場鑄工法

將產業廢料活用於混凝土中

這裡所說的「環保水泥」是指「地聚物混凝土」(geopolymer concrete)，是使用煤炭火力發電廠的飛灰、煉鐵廠的高爐石粉(ground granulated blast-furnace slag)及都市垃圾燃燒的灰燼等廢料製的混凝土，成分不含水泥。利用「場鑄工法」，可將這種材料應用於工地。

此「環保水泥」是由「西松建設」與香川縣讚岐市的「日本興業」於二〇一二年共同研發的混凝土。可有效利用產業廢料，讓廢料不只能用來築堤填海造新生地。但在過去，環保水泥的用途僅限於製造預鑄構件上，因為這種水泥內含產業廢料，若和水或玻璃等材料混合，很快就會開始硬化，且需在高溫養護下，才能形成足夠的強度。直到二〇一六年，「西松建設」、「大林組」及「大阪瓦斯」三家公司，在日本首度使用新工法，而在工地現場使用環保水泥。透過研發讓材料固化的特殊溶液，和常溫養護下也能產生強度的新技術，實現了環保水泥的新應用。

由於環保水泥的鈣成分比水泥少，耐酸性佳，也可以抗高溫，所以可作為防火材料應用於隧道中。由於不含水泥成分，因此也降低了製造過程中的碳排量。「西松建設」表示，改用環保水泥能足足減少了六成以上的碳排量。

(《日經土木工程》雜誌 副總編輯　真鍋政彥)

圖　大阪瓦斯泉北第一工廠內，以場鑄工法將環保水泥澆置於地面
(照片來源：西松建設)

圖　將環保水泥的預拌料裝入攪拌機的情況
(照片來源：西松建設)

◆綠能建設

利用人工結構物發揮大自然的多元機能

這裡的「綠能建設」是指活用自然環境的多元機能，建立完善的社會資本（公共建設）和表達理想的土地利用方式之概念。自二〇一五年八月在日本內閣會議通過的國土形成計畫中，首次使用「綠能建設」一詞後，便成為日本國內公共事業無法忽視的課題。

綠能建設的元素相當廣泛，包括多元自然河川管理、滯洪池、屋頂綠化、具水質淨化功能的濕地、再生能源等。例如位於日本橫濱市「港未來21中央地區」橫濱美術館前的「Grand Mall」公園，就於二〇一六年三月被重新打造為綠空間。該公園會回收過去從側溝排掉的雨水，作為灌溉樹木的水資源。並且，透過透水性舖面，可讓地下雨水蒸發，藉由汽化熱冷卻空氣，使行人的體感溫度更涼爽。

在推動都市綠能建設時，利用人工建築物重現大自然的多元功能，是很重要的技術。「Grand Mall」公園採用了東京都豐島區「東邦利昂」公司所研發的「J・MIX工法」，能誘引樹木根系伸展至雨水貯留滲透槽生長，讓貯留滲透槽同時也可作為植栽基盤。在製作貯留滲透槽時，是在再生碎石表面裹上有機物的「腐植質」，這種基盤材料具備「高孔隙・防篩眼堵塞」的功能，貯留水分的能力比一般碎石高出約一・四倍。

（《日經土木工程》雜誌 副總編輯　真鍋政彥）

圖 整修過後的 Grand Mall 公園
（照片來源：《日經土木工程》雜誌）

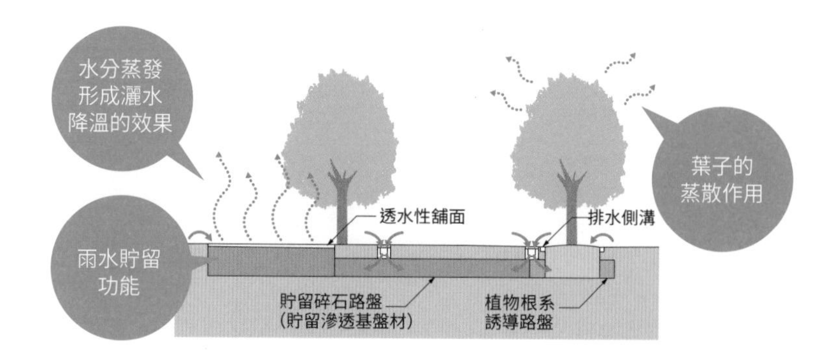

圖 Grand Mall 公園的水循環示意圖
（資料來源：橫濱市，三菱地所公司設計）

◆獨棟住宅智慧宅配箱

可大幅降低投遞失敗的機率

以下要介紹獨棟住宅專用的智慧宅配箱，即使沒人在家時也能收包裹。在運費漲聲響起的同時，宅配業者工時過長的社會問題也逐漸受到重視，這種宅配箱試圖解決此問題。

「Panasonic」公司在二〇一七年六月公布了以福井縣蘆原市雙薪家庭為對象的實證實驗，結果顯示設置智慧宅配箱之後，包裹的重新投遞率降至原本的六分之一。試驗結果的中間報告於二〇一七年二月公布後，媒體報導宅配業者將針對重新投遞額外加收費用，讓民眾爭相搶購這種新型宅配箱，甚至導致新產品延後上市。

此外，許多大型建設公司也開始針對集合住宅設置宅配箱。例如，「大和房屋工業」宣布自二〇一七年二月起、「檜家住宅集團」自同年三月起，都將採用相關產品。

這種獨棟住宅專用的宅配箱，有「固定型」、「門柱型」、「壁掛式」、「鑲嵌型」等形狀。若依構造則可分為「機械式」和「電子式」。「機械式」不需電力、裝設簡單，為市場主流。但「電子式」可以放置冷藏商品，因此也有一定的需求。例如，專門製造大廈宅配收件箱的「Fulltime System」公司，就推出有冷藏功能的電子式智慧宅配箱。

（《日經住宅建設》雜誌　副總編輯　安井功）

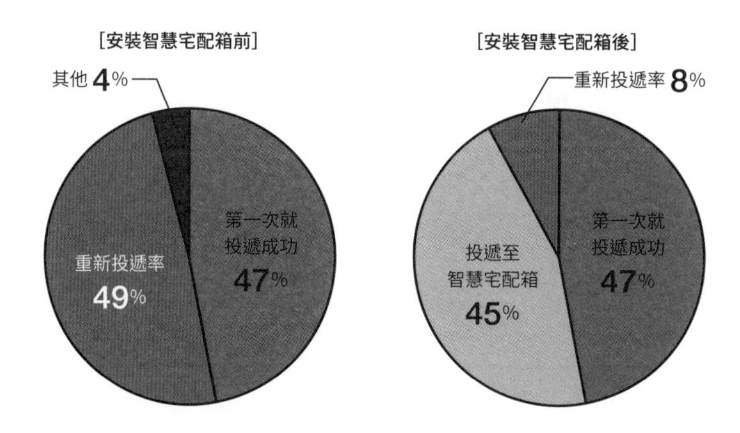

圖 針對居住於獨棟住宅的雙薪家庭，所實施的實驗結果
(資料來源：依 Panasonic 提供的資料製作圓餅圖)

圖 固定型智慧宅配箱，可容納大型包裹
(照片來源：Panasonic)

◆機器人流程自動化RPA（Robotic Process Automation）

透過電腦達到標準作業程序自動化

「RPA」（Robotic Process Automation）技術是指利用機器人使業務流程自動化。這裡的「機器人」是指軟體，自動化的對象則是辦公室內的一般事務性電腦作業。由於有助於革新工作方法，提升上班族的工作效率，而讓此技術受到關注。

舉例來說，像是「讀取多筆資訊系統內的資料，匯入計算軟體」、「將資訊系統內的資料匯入其他系統」、「搜尋網站，複製畫面上的資料」等作業，都可以改成自動化執行。

在企業安裝RPA軟體後，只要先由員工實際以滑鼠和鍵盤操作一次電腦作業，RPA軟體就會記下作業流程，之後可在指定的時間自動執行該工作。

RPA軟體的價格，有些只需數十萬日幣，導入企業的門檻不算太高，而且使用者並不需要懂程式或具備研發資訊軟體的經驗。

「日本生命保險公司」是將此套軟體導入銀行櫃檯販售部門，讓軟體自動輸入要保人遞出的理賠保險金申請書資料，只要二十秒就完成手動輸入要花上幾分鐘的作業。「日本歐力士集團」（ORIX GROUP）也試驗性地將RPA導入共享服務據點「歐力士沖繩租車中心」。

除此之外，還有提供企業流程委外服務（Business Process Outsourcing，BPO）的企業，也積極導入RPA軟體，以完成營運、人力資源、總務等承包內容。例如，受「日立製作所」等企業委託的「Genpact Japan」公司，可以連結十二台電腦中的RPA，處理三百家公司超過一萬筆的資料。在過去最多必須由十幾位員工加班，才能完成如此大量的工作，在導入該系統後，員工們再也不用加班了。

目前日本除了有組織在推動RPA的普及之外，IT供應商和顧問公司也開始推出RPA輔導的服務了。

（《日經計算機》雜誌　西村崇）

圖 BPO 承包商 Genpact Japan 公司的 RPA 專用空間

◆資安情報蒐集 (cyber intelligence)

蒐集攻擊者的資訊，防患未然

所謂的「資安情報蒐集」，是指預先蒐集可能發動網路攻擊的「敵人」之相關資訊。事先掌握「誰可能要攻擊、目的是什麼以及攻擊手段」，以強化防護機制，提升防禦力。

接下來是一個活用資安情報，有效抵禦攻擊的案例。日本曾經發生過企業和團體組織的印表機遭駭，自動列印出攻擊信件，導致多人的網路銀行被盜轉的事件。針對此次攻擊，有部分的金融機構和航空公司，提早在攻擊發生的二個月前就掌握到攻擊情資，做好系統防護，因此沒有遭到駭客入侵。

資安情報的資訊量相當龐大，可分為「公開來源情報」(OSINT)、「電子情報」(SIGINT)及「人工情報」(HUMINT)三類。「公開來源情報」是指新聞、白皮書、病毒報告網站等可公開獲取的訊息；「電子情報」是安全防護產品和感測器在電腦上所偵測到的資訊；「人工情報」則是透過駭客或情報人員等人力方式去獲取的情報。處理網路安全事件的經驗，也可算是資安情報的一部份。簡言之，是從駭客立場去分析、彙整資訊，找出潛在攻擊者。

目前市面上也出現很多活用資安情報的產品和服務。例如，美國「FireEye」公司就推出利用資安情報，簡化網路攻擊防護作業的雲端服務「FireEye HELIX」。

「FireEye HELIX」可以自動分析防火牆、防毒軟體、IDS（入侵偵測系統）等網路安全產品的記錄檔（log），偵測網路攻擊並及早因應。

另外，俄羅斯「卡巴斯基實驗室」（Kaspersky Lab）提供的「威脅資訊搜尋服務」，可讓使用者更能活用資安情報。輸入雜湊值（Hash Value）、網址等攻擊中所使用的片段資訊，就能在卡巴斯基的資安情報庫中搜尋。

（《日經系統》雜誌　總編輯　森重和春）

資安情報蒐集

公開來源情報（OSINT）
・新聞
・白皮書
・病毒報告網站

電子情報（SIGINT）
・log 記錄檔
・感測器資料

人工情報（HUMINT）
・駭客資料
・受害者資料

預先防禦攻擊
・隱藏駭客的攻擊目標
・執行使攻擊失效的措施

圖　資安情報蒐集過程中所應用的資訊

◆網站與電子郵件無害化

保護使用者的電腦

有許多人會因連上病毒網站或開啟病毒郵件而使電腦中毒，未來已有新技術可以因應。就是建構虛擬的瀏覽隔離環境，那麼即使使用者進入了惡意網站或打開駭客寄送的郵件，其主機也不會中毒。

這種無害化的技術，可分為兩部分來談，分別是預防瀏覽網頁時中毒的「網站無害化」，以及將郵件附件和本文內連結的病毒阻絕於外部的「郵件無害化」。

「網站無害化」是將瀏覽環境分為「使用者主機」和「虛擬瀏覽器」兩部分。使用者其實是在虛擬瀏覽器中檢視網頁內容，並且將虛擬瀏覽器的畫面，傳送至用戶端的主機。這樣一來，即使使用者進入已經中毒的網站，也由於病毒已經在虛擬瀏覽器中被移除了，所以不會感染使用者的主機。

「郵件無害化」則是會移除郵件的附件和本文，或其中一方的威脅。此技術是透過將郵件的本文或附件轉成影像檔，或使攻擊機制失效，來達到防止中毒的效果。

例如，在郵件無害化的系統上會顯示郵件的本文和附件內容，將內容轉成影像、儲存為PDF或貼在Word等軟體中，再傳送給用戶端。因此，使用者可以檢視郵件內容，但無法點擊內文的連結等。

至於讓攻擊失效的方式，則是移除夾帶在HTML格式郵件內的攻擊程式，將HTML郵件轉為純文字、去除內文中的連結，或是讓郵件附件中的巨集無法執行等。

（《日經網絡》雜誌　總編輯
勝村幸博）

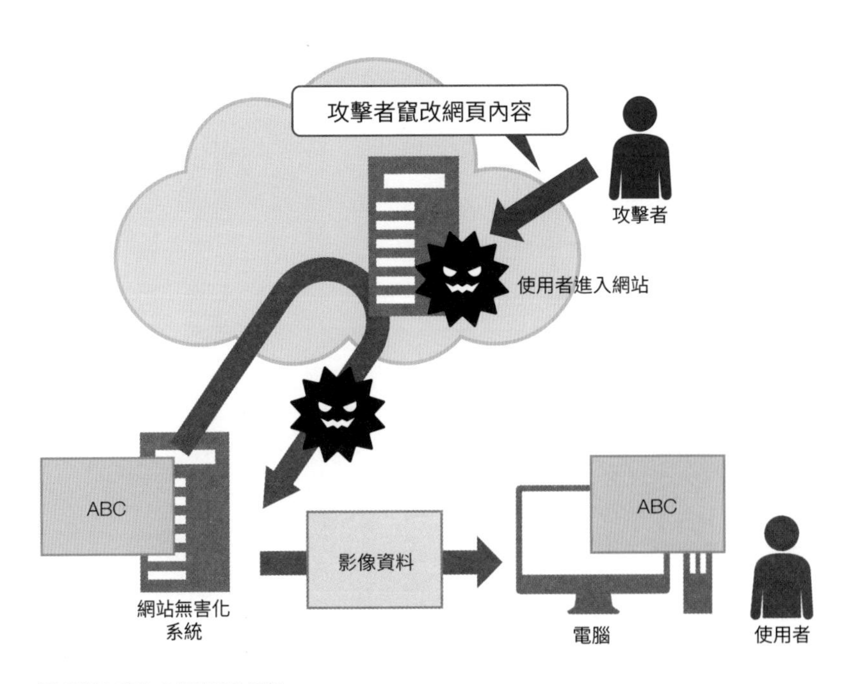

圖　網站無害化系統的運作機制

◆印刷電路板可能將無用武之地

不須印刷電路板即可組裝電子產品

大部分電子產品內，都有置入「印刷電路板」(Printed circuit board，ＰＣＢ）來組裝電子零件。隨著技術的進步，未來組裝機器時，可能不必使用主電路板，而能直接在零件上配線，或將線路、功能組裝在機殼等其他零件上、甚至是無線化，以擴展多元功能。

關於這點，目前已研發出許多相關的重要技術。例如電子設備大廠「歐姆龍」(OMRON)於二〇一六年發表用樹脂取代電路板的組裝新技術，計畫在二〇一八年進入實用化階段，將此技術應用於ＩｏＴ感測器和穿戴式裝置等產品。此新技術是以樹脂製作ＩＣ，在樹脂射出成型時就將電子零件埋在其中，並利用噴墨印刷進行配線與接合其他元件。由於不需電路板，所以可讓產品變得更輕、薄、小，也能省去將電路板安裝在機殼內的工程。這種印刷技術的應用，讓變更配線變得更簡單，適用於產品種類多且生產量少的生產型態。

此外，也有將線路直接做在機殼上的新技術。例如，採用「雷射直接成型技術」(Laser Direct Structuring，ＬＤＳ）將塑料經雷射加工、產生線路，可將手機機殼和結構零件直接變成天線，讓手機的機身更輕薄、小巧。也有人提出利用ＬＤＳ，將天線以雷射加工在半導體的封裝樹脂上。在封裝樹脂內置入無線晶片和零件，讓封裝層的線路傳遞無線化後，或許就不必在電路板上佈置信號線。

這種不須電路板的組裝法進步迅速，原因之一可能是設備廠商們不斷摸索各種安裝電子功能的方法。例如，機器人和汽車領域的廠商，除了致力於將感測器、致動器及電子電路合而為一之外，也希望實現機殼能與觸控螢幕成為一體化的設計。

不須電路板的組裝法，也符合手機搭載高性能半導體的趨勢。因為這樣一來，就可以將記憶體、ASIC（特殊應用積體電路）、電源電路等元件，皆配置於處理器的IC或封裝內。傳統用來連接IC或IC與被動元件的印刷電路板，其重要性將逐漸式微。

不須電路板的組裝法若能普及，也將改變產品製程。由於不再需要印刷電路板的設計和製造設備，因此希望搭載物聯網功能的非電子設備廠商，要導入電子功能的難度也會跟著下降。另一方面，未來的電子設備廠商，可能必須包辦從機殼設計到構造、配線設計的工作。

（「日經技術在線！」網站　宇野麻由子）

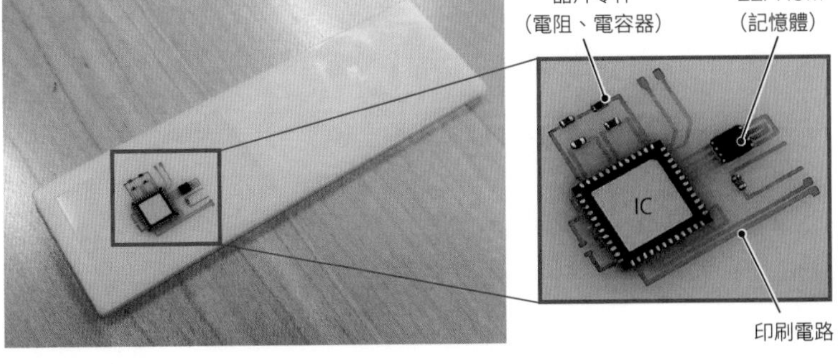

晶片零件（電阻、電容器）
EEPROM（記憶體）
IC
印刷電路

圖　歐姆龍的研發案例。不須使用印刷電路板，直接在 IC 之間配線

◆奈米壓印

利用快閃記憶體壓印，即將進入量產階段

「奈米壓印」（Nanoimprint Lithography，NIL）技術，是將刻有精細圖案的模具，像印章一樣按壓到基板上，轉印圖案的技術。在基板上塗佈樹脂，把模具上的圖案轉印到樹脂上。壓印技術可分為好幾種。「熱壓印技術」是在轉印時加熱，使熱可塑性樹脂變形的方法，又可稱作「熱壓成型奈米轉印」（Hot Embossing）；而「紫外光型奈米壓印技術」是讓紫外線（UV）硬化樹脂去照射紫外線並硬化的方法。

美國普林斯頓大學的周郁（Stephen Y. Chou）教授，於一九九五年透過熱壓印技術，成功轉印十奈米～五十奈米的高解析度影像，使這項突破性的細微加工技術備受矚目。

隨著技術進步，大面積基板的製造成本降低，使奈米壓印技術也開始應用於半導體微細加工等廣泛的用途上，最快可於二〇一九年導入快閃記憶體的先進量產製程。

在二〇一七年二月舉辦的半導體曝光技術國際研討會「SPIE Advanced Lithography 2017」上，日本的「佳能」（Canon）、「大日本印刷」（DNP）、「東芝記憶體」（Toshiba Memory）（舊東芝）以及韓國「SK hynix」等四間公司皆在會議上表示，奈米壓印（NIL）技術已進步到將可應用於NAND型快閃記憶體的量產中。這四間公司將有志一同投入NIL的研發。

「佳能」和「東芝記憶體」等公司於該研討會上指出，晶圓的缺陷密度，已經達到三維NAND快閃記憶體量產標準的約十倍。這是二〇〇七年的約百萬分之一。東芝記憶體公司的目標，是在二〇一九年時，能將缺陷密度再降低至目前的約百分之一。

奈米壓印的成本也逐漸降低，例如，NIL的成本只有競爭技術「極端紫外線光刻設備」的四分之一。另外，雖然目前由模板所製造的「壓印模仁」使用壽命短，不過「二〇一八年將可提升至實用化的標準」（東芝記憶體表示）。

（《日經電子》雜誌　野澤哲生）

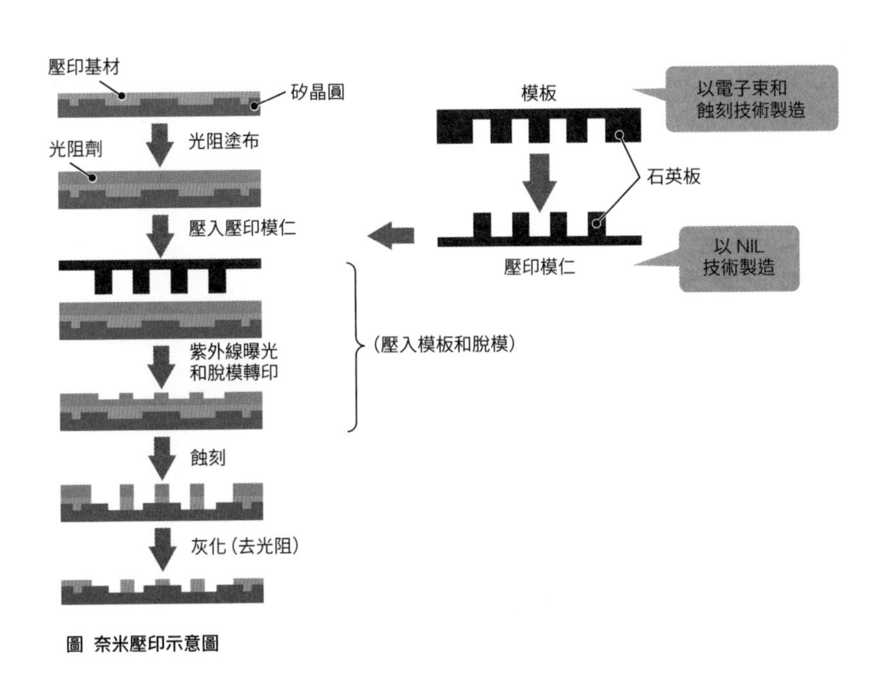

圖　奈米壓印示意圖

◆低功耗廣域網路LPWA

可連結廣大區域中的眾多感測器

「低功耗廣域網路」(Low Power Wide Area Network，LPWA）是串聯物聯網裝置的通訊技術，可在半徑數公里至數百公里的廣泛區域中設置多台感測器，蒐集感測器資料。例如日本披薩連鎖店「Strawberry Cones」，是將LPWA應用於冰箱的溫度管理上。他們在店面的屋簷上裝設LPWA天線，可傳送門市與總部的冰箱溫度數據。

LPWA的數據傳輸速率，最快時也只有每秒數十GB，算是低速傳輸。但覆蓋範圍廣，也由於低功率，即使只用市售的乾電池，也可以使用長達好幾年。

LPWA有三種主要的技術規範，包括「LoRaWAN」、「NB-IoT」及「SigFox」，日本也已經提供完善的應用環境，從二〇一七年起在日本各地開始實施各種實證試驗。例如，「Kyocera Communication System」（KCCS）公司，也從二〇一七年二月起，推出使用「SigFox」技術規範的商用物聯網服務。

過去，廣域通訊大多是利用3G或LTE等手機通訊技術，著重通話、高速資料傳輸及移動通訊等功能的規格，價格較高。雖然也有無線區域網路、藍牙等較便宜的通訊技術，但由於訊號發射功率的限制，並不容易在大範圍內裝設感測器。因此，傳送距離遠、價格便宜且低功耗的LPWA將成為新趨勢。

（《日經計算機》雜誌　金子寬人）

圖 將 LPWA 應用於冰箱的溫度管理上

藍牙技術的進步

經過強化，可成為物聯網專用無線規格

「藍牙」(Bluetooth)是用2.4GHz的頻率，傳輸距離達半徑十～數百公尺的通訊規格。為了降低電波干擾，會將頻段劃分成多個頻道(規格化之初是使用七十九個頻道，本章後面出現的「BLE」則為四十個)，並採用「跳頻」(Frequency hopping)技術，讓藍牙裝置可隨機在頻道中跳頻傳輸。

二〇一六年十二月發布的新版藍牙標準「藍牙5」，強化與物聯網(IoT)的互通性。「藍牙5」的數據傳輸速度為每秒2Mbit，是藍牙「4.2」技術架構中的低功耗藍牙(Bluetooth Low Energy，BLE)的二倍。「藍牙5」的耗電等同BLE，但有四倍的傳輸距離。雖然傳輸距離依發射功率的規定而異，不過如果BLE的涵蓋範圍最遠約一百公尺，則「藍牙5」可延長至約四百公尺。但是，傳輸速度和傳輸距離成反比，距離越遠則訊號越弱，速度越慢。且由於「重視定位服務、導航等用途」，因此單向同時將資料送給多個主機(稱為「broadcasting」廣播機制)的廣播資料量，「藍牙5」也增加到八倍容量。蘋果iOS支援的「iBeacon」定位技術，就是應用此機制的例子。當iPhone開啟與iBeacon相對應的APP，一旦接近裝設iBeacon傳輸器的店家，手機就會自動顯示店家服務資訊。

基本上，新舊版藍牙間保有相容性。不過，4・0版中新增的「低功耗」(Low Energy，LE)模式，無法向下相容與3・0以下的版本相通。目前大部分的電腦和手機等裝置，都能使用新舊版藍牙的功能。

「Bluetooth SIG 藍牙協會」目前是將採用標準通訊方式的設備稱為「Bluetooth」，而只有LE模式的裝置稱為「Bluetooth Smart」；具備雙模藍牙功能的裝置則稱為「Bluetooth Smart Ready」，並增加標誌，以清楚分辨不同版本。不過，這些名稱和標誌都已經在二〇一六年廢除，目前還是統稱為「Bluetooth」。

（《日經電腦》雜誌 總編輯　露木久修）

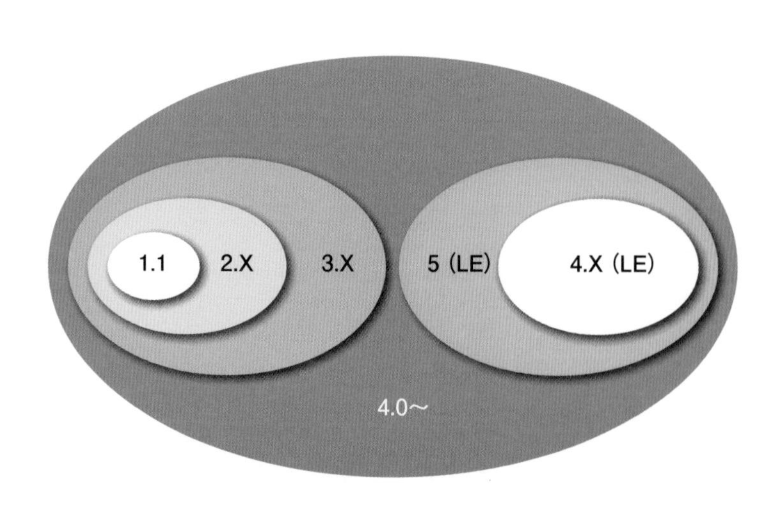

圖　藍牙規格中各版本的相容性

4・0版以後的省電模式(LE)，無法向下相容與3・0以下的版本相通

◆軟體定義網路（SDN）／軟體定義廣域網路（SD-WAN）

增加通訊網路的設定彈性

「SDN」是「Software Defined Network」的縮寫，中譯為「軟體定義網路」，指可彈性變更通訊網路設定的技術；「SD-WAN」則是「Software Defined WAN」的縮寫，中譯為「軟體定義廣域網路」，是適用於部署多個SDN架構的大型企業用戶之網路應用服務。隨著電商和物聯網的興盛，必須革新通訊技術，使大量數據的傳輸更穩定，因此SDN被視為救星，全球的通訊公司和設備廠商，皆積極投入相關研發。

SDN的功能可分為「控制傳輸路徑、頻寬」，以及「實際傳輸資料」兩方面，由軟體負責控制層，通訊設備只進行資料傳輸。由稱作「SDN控制器」的軟體，從遠端傳送命令至路由器、交換器、集線器等通訊設備，改變網q路架構與機能，可統一控管網路上的設備。

當因應組織結構或格局擺設改變，而需要變更電腦、伺服器、通訊設備組成及位置時，若是過去的做法，組態變更後必須新增、移除設備、變更設備間的配線等，才能分別監控每一台設備；現在，只要透過SDN即可變更，省去逐一變更每台通訊設備設定的麻煩。

（《日經計算機》雜誌 總編輯　大和田尚孝、《日經商務週刊》雜誌　高槻芳）

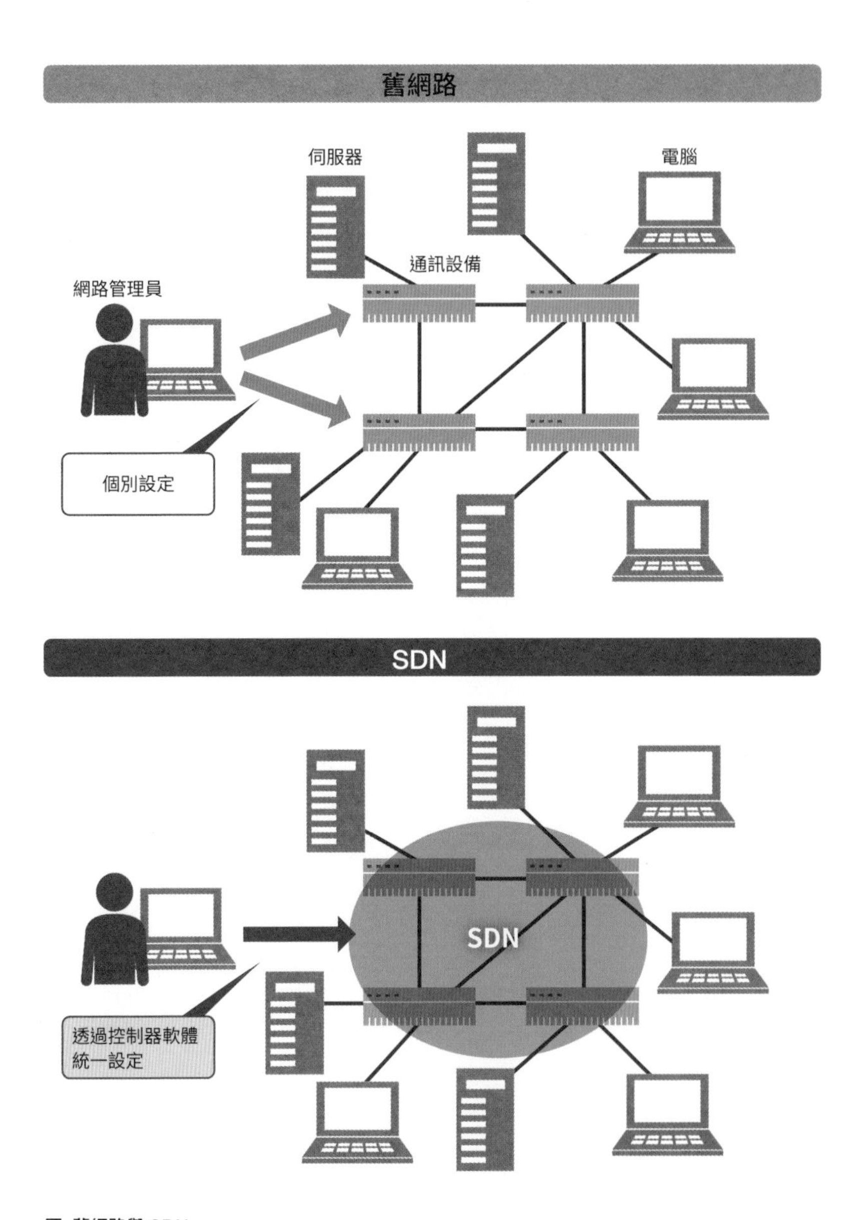

圖 舊網路與 SDN

◆微服務架構(Microservice Architecture)

頻繁進行軟體更新修正

隨著雲端服務的普及，「微服務架構」(Microservice Architecture)已成為設計應用程式的新方式，而「無伺服器架構」(serverless architecture)則非常適合執行微服務的應用程式。

「微服務架構」的概念，就是由單一應用程式構成的小服務，軟體中的每個服務都稱為「微服務」。這些「微服務」可擁有各自的介面接口，可相互協作，以整體方式一起運作。具體的例子，就是將購物網站的系統分為「搜尋」、「購物車」、「顧客管理」、「商品管理」、「結帳」等獨立的微服務，甚至還可以劃分為更小的微服務。而「無伺服器架構」就是利用雲端資源來執行每個微服務，不必擔心「伺服器」的問題。

在微服務架構中，提升了各項微服務的獨立性，因此當修改其中一項服務時，對於其他服務的影響也會降低至最小。因此可以因應需求，以每月或每週為單位，頻繁地修改應用程式，也能單獨強化特定微服務的處理性能。

並且，就算出現單一微服務停止運作的狀況，例如「購物網站搜尋功能無法使用」等，也能將影響程度控制在最小，讓系統持續運作。重新啟動服務後，即可恢復正常運作。

「無伺服器架構」則是利用「平台即服務」(platform as a service）技術的雲端運算服務。可透過雲端去使用網站伺服器、關聯資料庫、人工智慧等原有的基本服務。這些服務實際上都是在雲端服務業者的伺服器上運作，使用者只要將伺服器控管、備份、維修等工作交給雲端業者即可。

舉例來說，「亞馬遜網路服務系統」(Amazon Web Services，AWS）就是具代表性的雲端服務。當使用者使用「AWS Lambda」無伺服器運算服務時，只要上傳研發好的軟體，亞馬遜就會提供必要的處理能力和記憶容量，執行該軟體的程式碼。等「Lambda」執行完軟體之後，就會釋出運算資源，減少資源浪費，而且費用便宜。不過，目前「Lambda」有處理時間的限制，因此通常只能應用於一部分的系統上。

（《日經 Cloud First》雜誌　中山秀夫）

◆量子電腦／量子神經網路

研發夢幻電腦，競爭越趨白熱化

「量子電腦」是利用量子力學的原理，將電腦的運算能力提升至原本的一億倍甚至超過。目前的電腦資料，是以「0」和「1」來儲存並處理資料，而量子電腦則可以處理「0」和「1」的疊加態，平行運算龐大的組合。

量子電腦所使用的演算法，包括「量子門」（Quantum gate）和「量子退火」（Quantum annealing）。「量子門」是像傳統電腦一樣研發演算法，並應用於各種用途上。「量子退火」則是基於東京工業大學西森秀稔教授和門脇正史教授所提倡的理論，就像知名的「旅行業務員問題」（Traveling Salesman Problem）（編註：這是知名的數學難題，假設業務員要造訪多個城市，要計算如何規劃順序，才能走最短距離、花最少時間走完所有城市），重點在於「找出最佳排列組合方式」，其高速運算能力在機器學習和深度學習上的應用，頗受看好。

美國「Google」公司於二〇一四年發表了量子門式的量子電腦，並且於二〇一六年投入研發量子退火法的量子電腦。而美國「IBM」公司也在二〇一七年五月試作出量子門式量子電腦的處理器。

二〇一一年，加拿大的「D-Wave Systems」公司推出可商用的量子退火法的量子電腦。

該公司後來於二〇一七年一月發表最新機型「D-Wave 2000Q」。將資訊處理最小單位的「量子比特」(qubit)升級至二千個，是舊機型的二倍。目前已經有美國的企業表示將購入。

日本也在內閣府的「革新研究開發計畫(ImPACT)」中展開量子電腦的研究。二〇一六年十月發表新的演算法「雷射網路法」(Laser Network)，是將雷射光轉換為脈衝信號，進行演算的技術。

日本內閣府量子電腦研究計畫的計畫主持人山本喜久表示，目標是「打造由十萬個神經元和百億個突觸組合的量子腦。」

圖 NTT 等團隊研發出的量子電腦「量子神經網路」
(資料來源：山本喜久)

由山本喜久與「NTT」公司、「日本國立情報學研究所」等單位所組成的研究團隊，於二〇一六年十月公布研發出擁有二千個量子比特的新型量子電腦「量子神經網路」。

該電腦是以光脈衝(Optical Pulse)來取代超導電路作為量子比特。由於不使用超導體，所以不須以冷凍機將超導體冷卻至極低溫，在常溫下即可進行演算。不但能將設備體積變小，也不必耗費電力來冷卻。

並且，該量子電腦的特色在於「所有量子比特皆可組合」。二千個量子比特中，每一個都能和其餘的一千九百九十九個量子比特互相影響，形成二千的二次方，也就是約

圖　加拿大 D-Wave Systems 公司於 2017 年 1 月發表的最新機型「D-Wave 2000Q」

（照片來源：D-Wave Systems）

四百萬種組合。這可望能解決規模更大且更廣泛的問題。

日本計畫在二〇一八年底推出的新世代量子電腦中，將光脈衝的數量再增加至十萬個。假設這十萬個光脈衝都能作為量子比特，將可形成百億種組合。將量子比特當作神經元、將組合當作突觸的話，就可建構出由十萬個神經元和百億個突觸所形成的「量子腦」。

「藥物探索」（Drug discovery）（編註：是指從發現一種藥物到真正上市的歷程，通常要花大量金錢與時間）是目前最可能運用量子電腦運算能力的領域之一，可用來尋找研發新藥的重要源頭「先導化合物」。目前已知蛋白質的分子結構與疾病有關，先導化合物可以穩定與蛋白質的分子結構結合，因此藥物分子的設計就是新藥研發的第一階段。除此之外，也可運用於其他用途，例如找出最佳的無線通訊路徑、讓傳統以稀疏編碼（Sparse Coding）演算的天文影像和醫療影像能更清晰，以及找出最佳的證券投資組合等。

（《日經計算機》雜誌　副總編輯　淺川直輝、日經BP綜合研究所　創新ICT研究所　高階研究員　森側真一）

感謝您購買旗標書,
記得到旗標網站
www.flag.com.tw
更多的加值內容等著您…

● FB 官方粉絲專頁:旗標知識講堂

● 旗標「線上購買」專區:您不用出門就可選購旗標書!

● 如您對本書內容有不明瞭或建議改進之處,請連上旗標網站,點選首頁的 聯絡我們 專區。

若需線上即時詢問問題,可點選旗標官方粉絲專頁留言詢問,小編客服隨時待命,盡速回覆。

若是寄信聯絡旗標客服 emaill, 我們收到您的訊息後,將由專業客服人員為您解答。

我們所提供的售後服務範圍僅限於書籍本身或內容表達不清楚的地方,至於軟硬體的問題,請直接連絡廠商。

學生團體　訂購專線:(02)2396-3257 轉 362
　　　　　傳真專線:(02)2321-2545

經銷商　服務專線:(02)2396-3257 轉 331
　　　　將派專人拜訪
　　　　傳真專線:(02)2321-2545

國家圖書館出版品預行編目資料

推動世界的 100 種新技術:
掌握未來 10 年的關鍵產業,就能早一步勝出
日經 BP 社 編;楊毓瑩 譯
臺北市:旗標, 2018.07　面;　公分

ISBN 978-986-312-539-6(平裝)

1.科學技術　　2.歷史

409　　107008443

作　　者/日經 BP 社 編
翻譯著作人/旗標科技股份有限公司
發 行 所/旗標科技股份有限公司
　　　　台北市杭州南路一段15-1號19樓
電　　話/(02)2396-3257(代表號)
傳　　真/(02)2321-2545
劃撥帳號/1332727-9
帳　　戶/旗標科技股份有限公司
監　　督/陳彥發
執行企劃/蘇曉琪
執行編輯/蘇曉琪
美術編輯/薛詩盈
封面設計/古鴻杰
校　　對/蘇曉琪

新台幣售價:450 元
西元 2019 年 1 月 初版 4 刷
行政院新聞局核准登記-局版台業字第 4512 號
ISBN 978-986-312-539-6